Spohn | Spohn – Die Rinden unserer Bäume

Margot Spohn | Roland Spohn

Die Rinden unserer Bäume

Die 70 häufigsten Arten
entdecken, bestimmen und verstehen

Quelle & Meyer Verlag Wiebelsheim

Die Angaben in diesem Buch sind von den Autoren und dem Verlag sorgfältig erwogen und geprüft, dennoch kann keine Garantie übernommen werden. Eine Haftung der Autoren bzw. des Verlags und seiner Beauftragten für Personen-, Sach- und Vermögensschäden ist ausgeschlossen.

Bibliografische Information der Deutschen Nationalbibliothek
Die Deutsche Nationalbibliothek verzeichnet diese Publikation in der Deutschen Nationalbibliografie; detaillierte bibliografische Daten sind im Internet über http://dnb.d-nb.de abrufbar.

www.quelle-meyer.de

Umschlagabbildungen: Margot und Roland Spohn
Druck und Verarbeitung: Himmer GmbH Druckerei & Verlag
Printed in Germany/Imprimé en Allemagne
ISBN 978-3-494-01799-0

Inhalt

Vorwort 7

Definition der Rinde 9

Aufbau und Entwicklung der Rinde 9
Primäres Abschlussgewebe (Epidermis) 9
Sekundäres Abschlussgewebe (Oberflächenperiderm) 10
Tertiäres Abschlussgewebe (Borke, Tiefenperiderm) 17
Borkentypen 19
Übersicht Rindentypen 22

Auffällige Formen und Bildungen 24
Siegel, Chinesenbärte und Rosetten 24
Abschiedskragen 26
Spannrückigkeit 26
Drehwuchs 27
Wimmerwuchs 27
Rindenknollen 28
Maserknollen 28
Baumkrebs 29
Bedeutung der Rinde für den Baum 29
Verwendung von Rinde 33
Rinde und Gliederfüßer 34
Rinde und Säugetiere 36
Rinde und Vögel 38
Rinde und Algen 39
Rinde und Moose 40
Rinde und Pilze 41
Rinde und Flechten 42

Bestimmungsschlüssel Stammrinden 44

Artenteil 63

Literatur 379
Glossar 382
Register 386
Bildnachweis 391
Die Autoren 392

Menschen brauchen ein Gesicht,
Bäume eine Rinde.
Chinesisches Sprichwort

Vorwort

„Ich habe nie verlangt, dass allen Bäumen *eine* Rinde wachse", so benützt Saladin in Lessings „Nathan der Weise" im Gespräch mit dem Tempelherrn die Rinde für ein anschauliches Bild zur Vielfalt der Religionen.

Der Baum präsentiert seine Rinde das ganze Jahr und selbst wer vor einem hohen Baum steht, kann die Basis des Stammes und damit die Rinde betrachten. Doch sie ist für denjenigen, der einen Baum bestimmen möchte, höchstens in wenigen Fällen auf Anhieb ein so charakteristisches Merkmal, dass er alleine mit ihr die Art, die Gattung oder die Pflanzenfamilie bestimmen kann, zu der der Baum gehört. Dies nicht nur, weil ihre Eigenheiten und Ausprägungen oft viel schwerer greifbar und beschreibbar sind als etwa das Aussehen einer Blüte oder eines Blattes. Auch bei Bäumen einer Art kann die Rinde sehr unterschiedlich entwickelt sein. So kann dieselbe Baumart an einem ausgesetzten Standort im Gebirge eine andere Rinde präsentieren, als wenn sie in einem Park in einer Stadt steht. Einen besonders großen Einfluss hat das Alter des Baumes. Junge Bäume oder die Äste und Zweige älterer Exemplare besitzen eine andere Rinde als die mehr oder weniger dicken Stämme älterer Exemplare.

Es geht sogar noch viel weiter: Die Rinde als das Gesicht des Baumes zu sehen, trifft die Vielfalt sehr gut, denn wie das Antlitz eines Menschen können auch Rinden so unverwechselbar sein, dass Individuen daran zu erkennen sind. „Die Haut des Baumes", als die die Rinde auch oft bezeichnet wird, ist zudem ein Spiegelbild für seine Gesundheit und weist auf Vorgänge hin, die in seinem Inneren passieren. Gleichzeitig bietet sie wichtige Lebensräume für eine Vielzahl an Tieren, Pilzen, Pflanzen und anderen Lebewesen.

Für denjenigen, der sich auf all dies einlässt, zeigen Rinden bewundernswerte Strukturen, entfalten überraschende Eigenschaften und sind nicht zuletzt auch ästhetisch oft ein besonderes Erlebnis. Es lohnt sich, nahe an sie heranzugehen oder kleine Zweige mit der Lupe zu betrachten.

In dem vorliegenden Buch möchten wir die Vielfalt der Rinden anhand von Bäumen zeigen, die Sie in Mitteleuropa in der freien Natur oder in Gärten, Parks und Städten antreffen können. Dabei geht es uns darum, möglichst charakteristische Merkmale einzelner Baumarten vorzustellen und damit eine Grundlage zu schaffen, Rinden als Bestimmungshilfe heranzuziehen. Innerhalb der Artenporträts zeigen wir außerdem die unterschiedlichen Rinden von den Zweigen bis zu alten Stämmen, beschreiben diese und erläutern, wie sie sich entwickeln. Bei vielen

Links: Grau-Pappel (*Populus × canescens*)

Baumarten gibt es außer den morphologischen Merkmalen weitere interessante Aspekte ihrer Rinde, z.B. besondere Inhaltsstoffe oder auch Strukturen, die sich nur in Einzelfällen entwickeln. Solche Informationen sowie Angaben zur Bedeutung in der Natur oder zur Nutzung durch den Menschen bereichern die Porträts und bieten eine weitere Möglichkeit, sich mit Rinden zu beschäftigen.

Engen, im Dezember 2019
Margot und Roland Spohn

Definition der Rinde

Im allgemeinen Sprachgebrauch handelt es sich bei der Rinde eines Gehölzes um die feste, harte Schicht, die seine Äste und Stämme nach außen abschließt. Dabei werden häufig die Begriffe „Rinde“ und „Borke“ synonym verwendet.
Botaniker verwenden den Begriff in der Pflanzenanatomie umfassender: Wenn sie bei einem Gehölz von Rinde sprechen, so meinen sie damit verschiedene lebende und tote Gewebeschichten, die räumlich gesehen die äußeren Gewebekomplexe von Wurzeln oder Sprossachsen bilden. Je nach Entwicklungszustand und Dicke der Sprossachse können dies unterschiedliche Schichten sein. Welche Gewebekomplexe dies im Einzelnen sind, wird im Folgenden erläutert.

Aufbau und Entwicklung der Rinde

Primäres Abschlussgewebe (Epidermis)

Junge Triebe sind zunächst von Schichten lebender Zellen bedeckt. Diese Zellen enthalten häufig Blattgrün (Chlorophyll) und können somit Fotosynthese betreiben. Das Gewebe außerhalb des Leitgewebesystems bildet dabei die **primäre Rinde**. Eine einlagige Schicht – die **Epidermis** – schließt diese nach außen ab. Sie enthält Spaltöffnungen, wie sie auch in Blättern vorkommen und die dem Gasaustausch dienen. Bei vielen Gehölzen trägt die Epidermis Haare, bei einzelnen können auch Drüsen vorhanden sein.

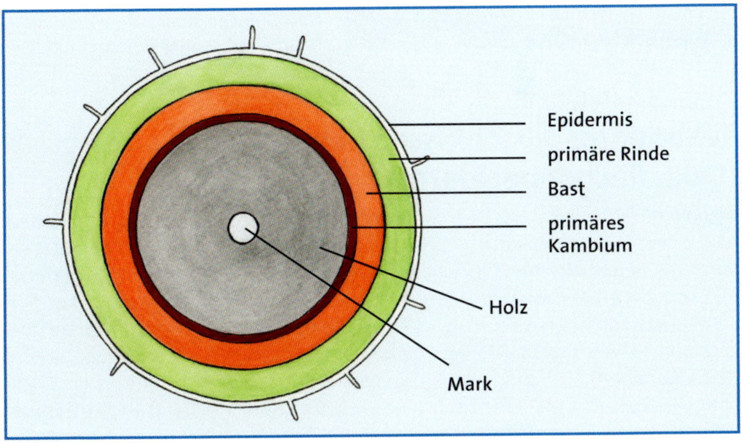

Querschnitt durch einen Spross mit primärem Abschlussgewebe

Bald setzt im Spross das sekundäre Dickenwachstum ein. Es entsteht ein teilungsfähiges Gewebe – das **primäre Kambium**, das nach innen **Holz** und nach außen **Bast** bildet.

Dieser Bast wird auch als **sekundäre Rinde** oder **innere Rinde** bezeichnet. In ihm leiten und speichern Zellen des Phloems organische Stoffe wie die Zucker aus der Fotosynthese und Aminosäuren. Außerdem sind mehr oder weniger viele Festigungszellen wie Bastfasern vorhanden.

Nur bei wenigen Holzgewächsen kann die außerhalb des Bastes liegende primäre Rinde ziemlich lange mit der Dickenzunahme der Zweige oder Stämme Schritt halten. Die Zweige bleiben damit längere Zeit von der lebenden Epidermis bedeckt. Hierzu gehören z.B. Stechpalmen (*Ilex*), Ahorne (*Acer*) sowie die im Buch nicht vorgestellten Gattungen Lorbeer (*Laurus*), Zitrusfrüchte (*Citrus*), und Mistel (*Viscum*).

Gewöhnliche Stechpalme (*Ilex aquifolium*) mit grüner primärer Rinde

Sekundäres Abschlussgewebe (Oberflächenperiderm)

Wenn die Triebe dicker werden, können sich die primäre Rinde und die Epidermis bald nicht mehr an den zunehmenden Umfang anpassen. Das Gehölz ersetzt sie durch ein neues Abschlussgewebe, das **Oberflächenperiderm** (erstes Periderm, Initialperiderm). Dieses wird gelegentlich auch als **tertiäre Rinde** bezeichnet. Seinen Anfang nimmt es in der Regel unter der Epidermis in der primären Rinde. Dort entsteht ein neues teilungsfähiges Gewebe, das **Korkkambium** (Phellogen, sekundäres Kambium). Es bildet gewöhnlich nach innen nur wenig Gewebe, die **Korkhaut** (Phelloderm), gibt aber nach außen reichlich **Kork** (Phellem) ab. Die darüber liegende Epidermis reißt früher oder später auf. Die Korkhaut besteht aus lebenden Zellen, die zum Teil zumindest eine Zeit lang Chloroplasten enthalten. Dann wirken sie grün und können Fotosynthese betreiben. Der Kork dagegen besteht aus weitgehend wasser- und luftundurchlässigen Korkzellen, die bald absterben.

Da das Oberflächenperiderm in der Regel anfangs noch von der Epidermis bedeckt ist, können die entsprechenden Rindenpartien auch noch Haare oder Drüsen tragen. Sobald das Gehölz diese Schichten abgestoßen hat, bildet Kork den äußersten Abschluss der Rinde.

Zweig der Trauben-Eiche (*Quercus petraea*) mit aufgerissener Epidermis und darunter liegendem Oberflächenperiderm

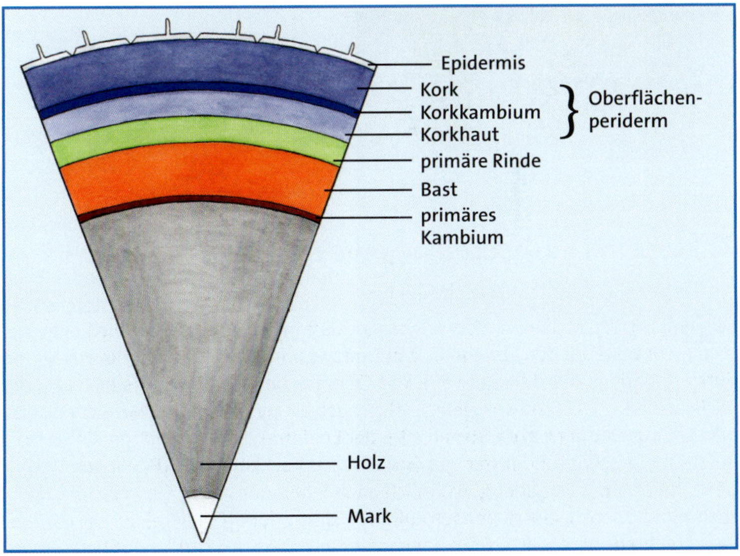

Ausschnitt eines Sprosses mit Oberflächenperiderm

Die meisten Gehölze bilden das Oberflächenperiderm bereits im ersten oder spätestens im zweiten Wachstumsjahr des Sprosses. Je nach Gehölzart bleibt es unterschiedlich lange aktiv. Bäume, bei denen das Oberflächenperiderm dauernd oder zumindest sehr lange das Abschlussgewebe der Rinde bildet, werden als Peridermbaumarten bezeichnet.

Da sich der Kork unterschiedlich entwickeln kann, lassen sich verschiedene Typen von Rinden mit Oberflächenperiderm unterscheiden:

Glattrinde

Der Kork bleibt ziemlich dünn und besitzt eine glatte Oberfläche. Er kann glänzen oder matt sein, seine Schichten rollen sich aber nicht ab und lösen sich auch nicht flächig.
Sehr viele Bäume besitzen eine solche Glattrinde, bevor sich beim weiteren Dickenwachstum der Stämme und Äste eine Borke (s.u.) entwickelt.
Bei jenen Bäumen, die über Jahrzehnte oder während ihres ganzen Lebens eine Glattrinde aufweisen, bleiben Verletzungen der Rinde oder in diese eingeritzte Botschaften sehr lange sichtbar. Die eingeritzten Zeichen dehnen sich mit dem Dickenwachstum des Baumes in die Breite. Nach oben oder unten dagegen bleiben sie weitgehend gleich wie ursprünglich angelegt. Dies hängt damit zusammen, dass der Baum nicht durch eine Längenausdehnung des Stammes oder der Äste in die Höhe wächst, sondern durch Spitzenwachstum der Zweige in der Krone.

Ringelkork

Der Kork bleibt ziemlich dünn. Von seiner glatten Oberfläche rollen sich feine, dünne Schichten ab oder lösen sich in zarten, häutigen Plättchen. So kommen immer neue Korkschichten an die Oberfläche. Die frei gelegten Bereiche sind häufig heller oder farbiger als die abgelösten Schichten.

Rot-Buche (*Fagus sylvatica*) mit unterschiedlich alten Ritzungen in der Glattrinde

Massenkork

Wächst der Kork sehr dick wie bei der Kork-Eiche (*Quercus suber*), wird seine Oberfläche rau und rissig.

Bei der Kork-Eiche leben die einzelnen Korkkambien sehr lange. Bei ihr ist der von einem Korkkambium nach außen abgegebene Kork dauerhaft und nach etwa 9 Jahren so dick, dass er als Flaschenkork geerntet werden kann. Erst wenn dieser Kork abgeschält ist, legt der Baum ein neues Korkkambium an, das wiederum für ungefähr 9 Jahre Kork bildet – ein Vorgang, der sich für über 150 Jahre wiederholen lässt.

Ausgestanzte Flaschenkorken

Geschälte Kork-Eichen

Lebensdauer und Typ des Oberflächenperiderms

Beispiele	Lebensdauer in Jahren	Typ
Kiefer (*Pinus*)	ca. 5	Ringelkork
Lärche (*Larix*)	ca. 5	Glattrinde
Apfel (*Malus*), Birne (*Pyrus*)	6–8	Glattrinde
Eibe (*Taxus*), Lebensbaum (*Thuja*), Eiche (*Quercus*), Pappel (*Populus*)	bis 10	Glattrinde
Linde (*Tilia*)	bis 15	Glattrinde
Fichte (*Picea*)	15–30	Glattrinde
Douglasie (*Pseudotsuga*)	bis 35	Glattrinde
Schwarz-Birke (*Betula nigra*), Zucker-Birke (*Betula lenta*)	20–40	Ringelkork
Tanne (*Abies*)	40–60	Glattrinde
Buche (*Fagus*), Goldregen (*Laburnum*), Stechpalme (*Ilex*), Hainbuche (*Carpinus*), Gewöhnliche Hasel (*Corylus avellana*), Grau-Erle (*Alnus incana*), Gewöhnliche Traubenkirsche (*Prunus padus*), Gewöhnliche Mehlbeere (*Sorbus aria*)	sehr lang – ausdauernd	Glattrinde
Hänge-Birke (*Betula pendula*), Moor-Birke (*Betula pubescens*), Süß-Kirsche (*Prunus avium*)	sehr lang – ausdauernd	Ringelkork

Korkleisten

Meistens ist der Kork gleichmäßig auf dem ganzen Umfang des Zweiges oder Stammes ausgebildet. Wächst er jedoch in bestimmten Zonen stärker, entstehen **Echte Korkleisten.** Wenn dagegen gleichmäßige Korkschichten bei zunehmender Dicke längs aufreißen, bilden sich **Falsche Korkleisten.** Beide Typen von Korkleisten festigen die Rinde. Möglicherweise schützen sie auch besonnte Zweige mit ihrem Schattenwurf vor Überhitzung.

Echte Korkleisten beim Gewöhnlichen Pfaffenhütchen (*Euonymus europaeus*)

Falsche Korkleisten bei der Baum-Hasel (*Corylus colurna*)

Lentizellen

Bevor das Dickenwachstum einsetzt und das Oberflächenperiderm entsteht, sorgen die Spaltöffnungen in der Epidermis für den Gastausch. Später übernehmen Lentizellen diese Aufgabe. Sie erhielten ihren Namen von lat. *lens* = Linse und werden häufig auch als **Korkwarzen** oder **Rindenporen** bezeichnet. In ihnen verlaufen die Korkschichten des Periderms nicht dicht geschlossen, sondern sind unterbrochen. An ihre Stelle tritt eine Füllung mit mehr oder weniger lockeren Zellen, die pudrig aus der Lentizelle quellen können. Die Form, Größe, Farbe und Füllungsart der Lentizellen kann je nach Baumart variieren und spielt deshalb bei der Bestimmung eine Rolle. Voll entwickelte Lentizellen bilden in der Regel mehr oder weniger ausgeprägte kleine Höcker auf der Rinde. Häufig teilt eine Furche sie in zwei lippenartige Wülste. Noch unentwickelte Lentizellen erscheinen dagegen als kaum erkennbare weißliche Punkte oder Striche auf der Rinde.
Lentizellen an Neutrieben, an jungen Zweigen oder Stämmchen entstehen in der Regel unter Spaltöffnungen. Dann beginnt ihre Entwicklung, noch bevor die Peridermbildung eingesetzt hat. Dies bedeutet auch, dass Lentizellen häufig bereits dann sichtbar sein können, wenn der Zweig noch von der Epidermis bedeckt ist.

Zweig des Schwarzen Holunders (*Sambucus nigra*) mit Lentizellen

Doch selbst wenn bereits ein Periderm vorhanden ist, können noch neue Lentizellen entstehen. In diesen Fällen ist das Korkkambium an bestimmten Stellen aktiver und bildet mehr Zellen als an anderen Stellen. Der Kork wölbt sich und bricht auf. Anfangs sind solche Lentizellen oft als kleine Grübchen in den Zweig eingesenkt, später können sie erhaben sein. Ginkgo – als Beispiel – hat nur diese Form.

Auch wenn der Stamm oder Zweig so dick geworden ist, dass er von Borke bedeckt ist und damit das ursprüngliche Korkkambium abgestorben ist, können sich noch Lentizellen entwickeln. Hier werden sie von den neuen, tiefer angelegten Korkkambien gebildet und ersetzen die mit der Borke nach außen verlagerten, funktionslos gewordenen Lentizellen. So stellt der Baum sicher, dass auch ältere Borken keinen

Aufreißende Lentizellen am Stamm der Sommer-Linde (*Tilia platyphyllos*)

luftundurchlässigen Mantel um den Stamm oder Zweig bilden, sondern ausreichend „Luftlöcher“ vorhanden sind. Bei Bäumen mit Schuppenborke sind diese später gebildeten Lentizellen oft auf solchen Flächen sichtbar, auf denen Schuppen abgeblättert sind, zum Beispiel beim Kultur-Apfel (*Malus domestica*). Bei längsrissigen Borken entstehen diese Lentizellen am Grund der Risse, zum Beispiel bei Scheinakazie (*Robinia*), Pflaume (*Prunus*), Pappel (*Populus*), Ginkgo. Die ersten Rindenrisse verlaufen sehr häufig durch die ersten Lentizellen.

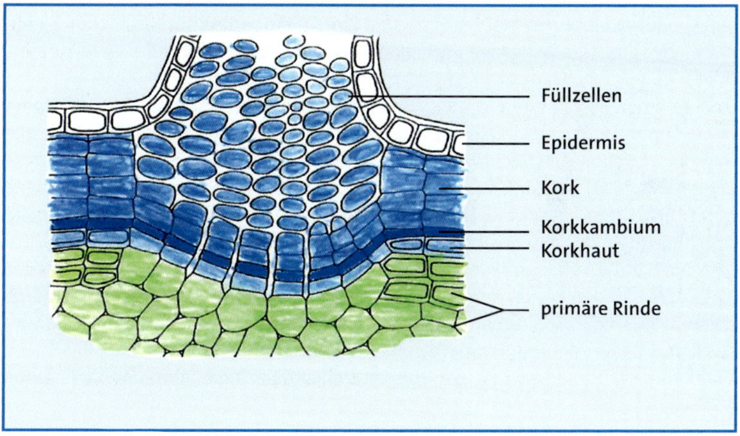

Aufbau einer Lentizelle

Lentizellen können auch ein Hinweis darauf sein, dass ein Pflanzenteil aus einem Spross hervorgegangen ist. Bei den kleinen braunen Pünktchen auf den Schalen von Äpfeln und Birnen handelt es sich um solche Lentizellen. Tatsächlich ist der Fruchttyp der Apfelfrucht, zu dem z.B. auch Weißdorn und Mehlbeere gehören, dadurch charakterisiert, dass das Fruchtfleisch aus Achsengewebe hervorgegangen ist. Sind die Schalen dieser Früchte ganz oder stellenweise bräunlich rau, so hat auch hier die Peridermbildung eingesetzt und Korkgewebe ist entstanden.

Tertiäres Abschlussgewebe (Borke, Tiefenperiderm)

Auch das Oberflächenperiderm folgt in den meisten Fällen nicht auf Dauer dem weiteren Dickenwachstum. Vielmehr stellt das erste Korkkambium seine Tätigkeit nach einer bestimmten Zeit ein. Damit der Stamm nun nicht unkontrolliert wie eine zu eng gewordene Hose aufplatzt, muss das Gehölz ein neues

Teilungsgewebe bilden. Die Funktion des ersten Korkkambiums wird von einem nachfolgenden Korkkambium übernommen. Dieses entsteht aus Zellen einer tieferen Schicht der Rinde und bildet nun ein **Tiefenperiderm** (Folgeperiderm, Innenperiderm).

Das erste Tiefenperiderm kann schon im ersten Jahr angelegt werden, erst nach Jahren oder gar nie. Der Rhythmus, mit dem das Gehölz nachfolgende Korkkambien anlegt, unterscheidet sich je nach Gehölzart. Doch auch Umwelteinflüsse wie Feuchtigkeit und Temperatur spielen eine Rolle, sodass auch zwischen Exemplaren der gleichen Art große individuelle Unterschiede vorhanden sein können.

Im Laufe der Zeit können immer wieder nachfolgende Korkkambien und damit neue Tiefenperiderme in tieferen Rindenschichten angelegt werden. Je nach Baumart können die nachfolgenden Korkkambien für solche Tiefenperiderme zumindest anfangs noch in der primären Rinde entstehen. Spätestens wenn deren Schichten aufgebraucht sind, erfolgt die Bildung der Tiefenperiderme in der inneren Rinde, also im aktiven Bast. Da die von den nachfolgenden Korkkambien nach außen abgegebenen Korkschichten wasserundurchlässig sind, werden alle außerhalb liegenden Schichten von der Stoffversorgung abgeschnitten und sterben ab. Diese nicht lebende äußere Rinde ist die **Borke**. Diese besteht damit aus toten Bastschichten, Peridermschichten der früheren, mittlerweile inaktiven Korkkambien und dem Kork, der vom aktuell aktiven Korkkambium nach außen abgegeben wird.
Unter der Borke liegt weiterhin die innere Rinde. Sie besteht nun aus aktivem Bast sowie der lebenden Korkhaut, die von dem aktuell aktiven Korkkambium gebildet wird. Die innere Rinde ist selbst bei dicken Bäumen und solchen mit dicken Borken nur wenige Millimeter dick.

Funktionsfähigkeit der einzelnen Tiefenperiderme in Jahren

Kiefer (*Pinus*), Pappel (*Populus*)	1
Eibe (*Taxus*), Linde (*Tilia*)	3
Platane (*Platanus*)	3–4
Lebensbaum (*Thuja*)	bis 5
Eiche (*Quercus*)	1–6
Fichte (*Picea*)	1–8
Birke (*Betula*)	bis 20
Berg-Ahorn (*Acer pseudoplatanus*)	5–30

Borkentypen

Je nachdem, wie das Gehölz die Tiefenperiderme anlegt, entstehen andere Strukturen auf der Oberfläche.

Streifenborke

Die Tiefenperiderme können sich als geschlossene oder fast geschlossene Zylinder entwickeln, die auf einem Stammquerschnitt als konzentrische Lagen sichtbar sind. Die so gebildete Borke reißt bei zunehmender Stammdicke auf und löst sich in Längsfasern oder Längsstreifen. Beispiele hierzu sind Lebensbaum (*Thuja*), Riesenmammutbaum (*Sequoiadendron giganteum*), Sumpfzypresse (*Taxodium*). Manchmal unterbrechen Streifen dünnwandiger Zellen (*Parenchymzellen*) die nach außen abgegebenen Korklagen. An diesen reißen sie besonders leicht auf. Dies ist zum Beispiel der Fall bei den nicht im Buch beschriebenen Gattungen Weinrebe (*Vitis*), Heckenkirsche (*Lonicera*), Waldrebe (*Clematis*) sowie dem Schuppenrinden-Hickory (*Carya ovata*). Häufig werden für Streifenborken auch die Begriffe „Ringborke", „längsstreifige Ringborke" oder „Ringelborke" verwendet. Sie können jedoch zu Verwechslungen mit dem Ringelkork (siehe S. 12) führen.

Streifenborke des Riesenmammutbaums (*Sequoiadendron giganteum*)

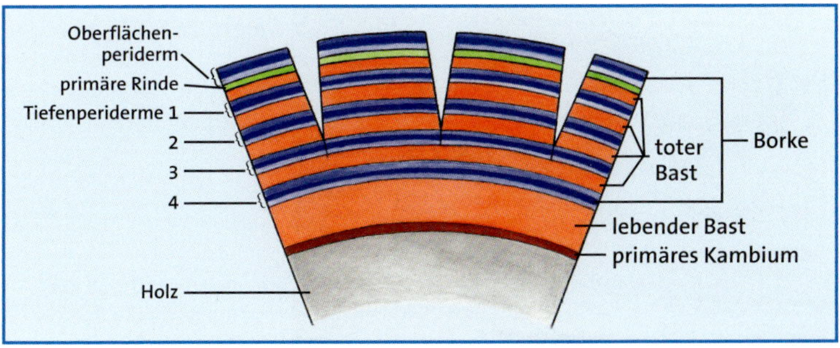

Aufbau einer Streifenborke

Querschnitt durch einen Stamm mit Streifenborke (Schwarzer Holunder, *Sambucus nigra*)

Schuppenborke

Häufig entstehen die Tiefenperiderme als einzelne muschel- oder schuppenförmige, einander überlappende Schichten, oft unterhalb von Rissen. Jede Schicht trennt dabei eine Schicht des außerhalb liegenden Gewebes als Schuppe ab.
Je nach Aufbau der Borkenschuppen können sich diese in Platten oder Schuppen ablösen. Sie können aber auch aus fest aneinander haftendem Gewebe bestehen, das widerstandsfähig und dauerhaft ist. Die Borke verwittert dann nur, blättert aber selbst dann nicht ab, wenn tiefe Risse entstehen. Entsprechend diesen Eigenschaften lassen sich zwei Typen von Schuppenborken unterscheiden:

Querschnitt durch die Schuppenborke der Schwarz-Kiefer (*Pinus nigra*)

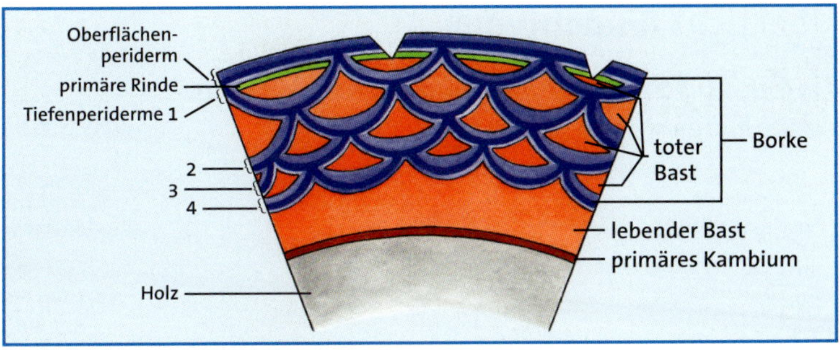

Aufbau einer Schuppenborke

Haftende Schuppenborke

Wenn die Schuppenborke reichlich Fasern enthält, haftet sie fest am Stamm und bricht rissig auf. Dabei entsteht oft ein netzartiges Muster.
Weitere Bezeichnungen für diese Borkentyp: Schuppen-Faserborke, Netzartige Schuppenborke, Netzborke, rissige Rinde.
Beispiele: Linden (*Tilia*), Ulmen (*Ulmus*), Eschen (*Fraxinus*), Spitz-Ahorn (*Acer platanoides*), Stiel-Eiche (*Quercus robur*), Trauben-Eiche (*Quercus petraea*), Weiden (*Salix*), Scheinakazie (*Robinia*).

Abblätternde Schuppenborke

Fehlen solche Fasern und besitzt die Schuppenborke stattdessen kürzere, dickwandige Zellen (Steinzellen, Sklereiden), so zerfällt sie meist mehr oder weniger stark in einzelne Schuppen oder Platten, die sich ablösen oder abfallen.
Weitere Bezeichnungen für diesen Borkentyp: Schuppen-Steinzellborke, plättchenförmige Schuppenborke, Plattenborke, abschilfernde Rinde.
Beispiele: Kiefer (*Pinus*), Berg-Ahorn (*Acer pseudoplatanus*), Lärche (*Larix*).

Zwischen diesen beiden Typen gibt es Übergänge, sodass sich nicht alle Baumarten klar einem Typ zuordnen lassen.

Grobrissige Schuppenborken mit deutlichen Querrissen werden auch als Tafelborken bezeichnet.
Beispiele: Weiß-Tanne (*Abies alba*), Schwarz-Erle (*Alnus glutinosa*).

Übersicht Rindentypen

Einteilung nach Anatomie und Morphologie der Abschlussgewebe

Primäres Abschlussgewebe

Epidermis

dauernde Epidermis

Gewöhnliche Stechpalme (*Ilex aquifolium*)

Sekundäres Abschlussgeweb

Oberflächen-periderm

Kork

Glattrinde

Rot-Buche (*Fagus sylvatica*)

Ringelkork

Hänge-Birke (*Betula pendula*)

Teritäres Abschlussgewebe

Tiefen-
periderme

Ring-
periderme

Schuppen-
periderme

Streifen-
borke

Schuppen-
borke

Massenkork

abblätternd

haftend

rk-Eiche
(*uercus suber*)

Gewöhnlicher
Flieder
(*Syringa vulgaris*)

Schwarz-Kiefer
(*Pinus nigra*)

Spitz-Ahorn
(*Acer platanoides*)

Einteilung nach optischer Erscheinung

Eine andere Möglichkeit ist es, Rinden unabhängig von der Art der Entstehung ausschließlich nach dem Aussehen zu gruppieren. Eine solche Einteilung erleichtert es nicht nur dem Laien, Rinden ohne große botanische Kenntnisse bestimmten Kategorien zuzuordnen. Schematische Vorgehensweisen liegen auch automatisierten Programmen zugrunde, bei denen zur Baumbestimmung Fotos mit Datenbanken abgeglichen werden. Solche Anwendungsprogramme gehen immer mehr dazu über, nicht nur ein Merkmal wie etwa Blätter heranzuziehen, sondern weitere mit zu berücksichtigen. Hierzu zählen auch Rinden.

Bei der Zuordnung zu diesen Gruppen wird jeweils der Haupteindruck der Rinde herangezogen. D.h. eine Borke, bei der markante Rippen vorhanden sind, diese aber Schuppen oder Risse aufweisen, wird trotzdem zu „mit Rippen" zugeordnet. Wer Rinden nach diesem Schema einteilt, stellt teilweise große Unterschiede zu der Einteilung nach morphologischen und anatomischen Kriterien fest. Zum Beispiel gehören die Borke der Silber-Weide (*Salix alba*) und das Oberflächenperiderm der Kork-Eiche (*Quercus suber*) in dieselbe Kategorie „mit Rippen". Dies spielt dann keine Rolle, wenn das Ziel des Abgleichs die Bestimmung der Baumart und nicht die Bestimmung des Rindentyps ist.

Auch der Bestimmungsschlüssel dieses Buches verwendet weitgehend optische Merkmale:

Oberfläche der Rinde über große Bereiche glatt, ohne Längsrisse, Längsfurchen oder Längsrippen – **Schlüssel A** (S. 46)

Rinde nur mit Längsrissen, dazwischen ziemlich glatt, ohne Rippen und Furchen – **Schlüssel B** (S. 50)

Rinde mit lang ablösenden Längsfasern oder Längsstreifen (Streifen mindestens 4-mal so lang wie breit) – **Schlüssel C** (S. 52)

Rinde mit Schuppen oder Platten oder zerklüftet, aber ohne ausgeprägte Längsrippen oder Längsfurchen – **Schlüssel D** (S. 54)

Rinde mit Längsrippen und Furchen – **Schlüssel E** (S. 58)

Auffällige Formen und Bildungen

Siegel, Chinesenbärte und Rosetten

Wenn Äste absterben oder abbrechen, überwallt der Stamm die Stümpfe. Zuerst entstehen dabei Beulen, später Astnarben. An der Stelle des ehemaligen Astes treten Rundnarben oder Siegel. An Bäumen mit glatten Rinden bilden sich zusätzlich zu den Siegeln bogenförmig nach unten verlaufende Rindenquetschfalten, die Chinesenbärte oder Winkelnarben. Sehr auffällig sind diese an Buche (*Fagus*), Hainbuche (*Carpinus*), Birke (*Betula*), Linde (*Tilia*), Silber-Pappel (*Populus alba*), Grau-Pappel (*Populus × canescens*) und Zitter-Pappel (*Populus tremula*).

Sie entstehen, wenn sich die Rinde im Winkel des meist schräg nach oben wachsenden Astes durch das Dickenwachstum von Stamm und Ast zusammenschiebt. Unter dem Bogen sitzt entweder der noch lebende Ast oder die Astnarbe, die dann als Rundnarbe wie ein Siegel wirkt. An lebenden oder noch nicht lange abgefallenen Ästen verläuft der Bogen steil. Wenn Äste abgestorben sind, werden die Astnarben beim weiteren Dickenwachstum der Stämme überwallt und wachsen schließlich ganz in den Stamm ein. So lange bei Bäumen keine oder kaum Borke ausgebildet ist, lassen sich diese „inneren Äste" besonders gut auf der Rinde erkennen. Je länger der Stamm die Astnarbe überwallt, desto flacher verläuft der Bogen des Chinesenbarts, denn das Dickenwachstum zieht seine Schenkel auseinander. Die Höhe des Siegels lässt Rückschlüsse auf den Durchmesser des darunter liegenden überwallten Aststumpfes zu. Bei der Rot-Buche (*Fagus sylvatica*) ist die Siegel-Höhe etwa doppelt so groß wie der Durchmesser des Stumpfes. Auch unter den Ansätzen der Äste ist die Rinde häufig faltig gestaucht. Zusammen mit dem Chinesenbart und dem Siegel wirkt der ehemalige Astansatz dann oft wie ein Auge.

Astsiegel und Chinesenbärte an Grau-Pappel (*Populus × canescens*)

Bei Bäumen mit gröberen Borken wie Eiche (*Quercus*), Ulme (*Ulmus*), Japanischer Schnurbaum (*Styphnolobium japonicum*) und Ahorn (*Acer*) bilden sich keine Chinesenbärte. Bei ihnen entwickeln sich die Rundnarben zu oft interessant strukturierten Rosetten oder „Rosen".

Rose an Trauben-Eiche (*Quercus petraea*)

Abschiedskragen an Silber-Pappel (*Populus alba*)

Abschiedskragen

Bevor ein Baum alte und zu stark beschattete Äste abstößt, bildet er einen wulstigen Rand an der Ansatzstelle und eine Sollbruchstelle. Bei manchen Baumarten wie Eichen (*Quercus*) oder Pappeln (*Populus*) kann dieser sehr ausgeprägt sein. Die Rinde in diesen Bereichen ist häufig anders strukturiert als an den daneben liegenden Stammbereichen.

Spannrückigkeit

Bei dieser Abweichung vom kreisförmigen Querschnitt eines Stammes ist der Umfang durch viele mehr oder weniger tiefe Einbuchtungen gekerbt. Es entsteht eine unregelmäßig wellige Stammoberfläche mit Furchen und Wülsten in Längsrichtung des Stammes. Im Querschnitt durch solche Stämme ist zu erkennen, dass die Ein- und Ausbuchtunen nicht nur die Rinde betreffen, sondern dass auch die Jahresringe im Holz nicht kreisförmig angeordnet sind und unregelmäßig in Wülsten vor- und in Furchen zurückspringen. Für das unregelmäßige Wachstum ist das Kambium zwischen Rinde und Holz verantwortlich, das sich bei spannrückigen Stämmen ungleichmäßig teilt. Es können genetische Faktoren eine Rolle spielen, aber auch Verletzungen oder die Nähe zu Wurzelanläufen an der Stammbasis. Einige Baumarten wie Hainbuche (*Carpinus*), Scheinakazie (*Robinia*), Eibe (*Taxus*) zeigen diese Eigenschaft häufig auf der ganzen Länge des Stammes.

Querschnitt durch einen spannrückigen Stamm einer Gewöhnlichen Hainbuche (*Carpinus betulus*)

Drehwuchs

Bei dieser Wuchsform verlaufen die Fasern spiralförmig um die Stammachse, bei Rechtsdrehwuchs von links unten nach rechts oben (gegen den Uhrzeigersinn), bei Linksdrehwuchs von rechts unten nach links oben (mit dem Uhrzeigersinn). Früher galt der Drehwuchs als Hinweis auf „Wasseradern“, dies ließ sich jedoch nicht bestätigen. Heute führen Wissenschaftler die Abweichungen auf genetische Faktoren zurück. Auch die hauptsächliche Windrichtung und einseitige Benadelung oder Belaubung des Baumes sollen eventuell eine Rolle spielen. Verlaufen die Fasern spiralig um die Achse, wird ein einseitig belasteter Stamm stabiler. Tischler verarbeiten für gewöhnlich kein Holz von drehwüchsigen Stämmen, da es zu Windschiefe neigt. Zu den Bäumen, die häufig Drehwuchs zeigen, gehören Kultur-Birne (*Pyrus communis*), Gewöhnliche Rosskastanie (*Aesculus hippocastanum*), Edel-Kastanie (*Castanea sativa*) und Rot-Buche (*Fagus sylvatica*).

Linksdrehwuchs bei Kultur-Apfel (*Malus domestica*, vorne), Rechtsdrehwuchs bei Kultur-Birne (*Pyrus communis*, hinten)

Wimmerwuchs

Verlaufen Fasern und Jahresringe quer zur Stammachse in Wellen, so zeigt sich dies auch auf den Stämmen: Ihre Oberfläche wird wellig bis wulstig. Wenn diese unregelmäßige Struktur der Stämme bei alten Weiß-Tannen (*Abies alba*) auftritt, so mindert dies den Wert der Stämme. Entsprechende Stämme von Gewöhnlicher Fichte (*Picea abies*), Birken (*Betula*) und Berg-Ahorn (*Acer pseudoplatanus*) sind dagegen im Kunsthandwerk und Musikinstrumentenbau beliebt.

Drüsiger Götterbaum (*Ailanthus altissima*) mit Wimmerwuchs

Rindenknollen an Silber-Weide (*Salix alba*)

Rindenknollen

An verschiedenen Baumarten treten an den Stämmen immer wieder erbsen- bis faustgroße Kugeln auf. Besonders häufig und auch besonders gut sichtbar sind sie an Rot-Buche (*Fagus sylvatica*). Doch lassen sie sich auch an Gewöhnlicher Eberesche (*Sorbus aucuparia*), Echter Walnuss (*Juglans regia*) und Weide (*Salix*) finden. Die harten Rindenknollen, auch Kugeltriebe oder „Baumperlen" genannt, lassen sich mehr oder weniger leicht, oft schon von Hand aus dem Stamm herausbrechen. Sie bestehen nur oberflächlich aus Rinde. Innen zeigen sie einen Holzkörper, der je nach Größe gemasert ist und Jahresringe aufweisen kann. Die Kugeln sind im Rindenteil des Stammes eingebettet, der Holzkörper des Stammes zeigt an den entsprechenden Stellen höchstens eine Einbuchtung. Was die Knollen auslöst, ist noch nicht eindeutig geklärt. Häufig wird angenommen, dass sie aus schlafenden Knospen entstehen, bei denen die Verbindung zum wasserleitenden Gewebe gestört wurde.

Maserknollen an einer Linde (*Tilia* sp.)

Maserknollen

Maserknollen entstehen, wenn viele schlafende Knospen im Wurzel- oder Stammbereich austreiben und der Baum diese überwallt. Gleichzeitig bilden sich neue Wassertriebe, die wiederum überwallt werden. Mit der Zeit können so dicke, beulenartige Stammpartien entstehen. Maserknollen werden gefördert, wenn austreibende Wasserreiser immer wieder entfernt werden (Knospensucht). Die Knollen sind fest mit dem Holzkörper des Stammes verbunden und weisen ein besonders gemasertes Holz auf, das für Furniere und Kunstgegenstände begehrt ist. Zwischen den vielen Wasserreisern können sich Rindenstrukturen nur kleinräumig und wenig spektakulär entwickeln.

Baumkrebs

Im Gegensatz zu den Maserknollen entsteht Baumkrebs – auch als „Echter Kropf" bezeichnet – durch Erreger, die meist über kleine Wunden in das Gehölz eindringen. Wichtige Auslöser sind pathogene Stämme des Bodenbakteriums *Agrobacterium tumefaciens*. Doch auch Pilze wie der Schlauchpilz *Neonectria ditissima* können solche zum Teil sehr umfangreichen Stammwucherungen auslösen. Ihre Oberfläche kann dieselben Rindenstrukturen wie der umliegende Stamm aufweisen. Oft entwickelt sich jedoch eine viel rauere Rinde. Die Rinde kann durch die Wucherung auch gesprengt werden.

Nectriakrebs durch *Neonectria ditissima* an Hänge-Birke (*Betula pendula*)

Bedeutung der Rinde für den Baum

Lebende innere Rinde

Auf die lebende innere Rinde kann der Baum nicht verzichten. Das sekundäre Phloem der inneren Rinde transportiert die bei der Fotosynthese gebildeten Zucker sowie andere organische Moleküle zu den Organen, die sie benötigen oder speichern, zum Beispiel Früchte, Wurzeln oder Knollen. Gewöhnlich ist dieser aktive Teil des Bastes nur wenige Zellen breit. Trotzdem versorgt er den gesamten Baum. Wird ein Streifen der Rinde des Baumes rund um den Stamm durch „Ringeln" entfernt, unterbricht dies den Flüssigkeitstransport im Phloem von der Krone zu den Wurzeln. Der Baum stirbt ab, sobald die in den Wurzeln gespeicherten Kohlenhydrate aufgebraucht sind. Bleibt beim Ringeln wenigstens ein schmaler Streifen der inneren Rinde als Rindensteg erhalten, kann der Baum dagegen häufig überleben. Bäume, die in der Lage sind, Stockausschläge zu machen, treiben unterhalb der Ringelung häufig neu aus.

Über grüne Rinden bzw. Chlorophyll in den lebenden Rindenschichten zumindest der Zweige können viele Gehölze auch in blattlosen Zeiten Fotosynthese betreiben. Die Fotosynthese solcher Rinden wirkt der Atmung entgegen, bei denen der

Baum in Zweigen, Ästen und Stämmen zur Energiegewinnung Kohlenhydrate zu Kohlendioxid und Wasser abbaut. In Experimenten konnte nachgewiesen werden, dass grüne Zweige und chlorophyllhaltige Rinden an Ästen und Stämmen weniger Kohlendioxid abgeben, dieses also gleich an Ort und Stelle recyceln.

Tote äußere Rinde

Kork und Borke bilden eine wirkungsvolle Barriere, die den Baum vor Austrocknung, Hitze, Frost, Infektionen durch Bakterien oder Pilze, Insekten und anderen für das Gehölz schädlichen Organismen schützt. Dazu tragen sowohl ihr Bau und ihre Struktur als auch ihre Inhaltsstoffe bei.

Die Korkzellen sind mit Suberin und Wachsen ausgekleidet. Durch Einlagerung von Gerbstoffen werden diese Zellen zusätzlich widerstandsfähig. Aus stark zusammengedrückten Zellen bestehender Kork ist ein guter Wärmeisolator, benetzbar, aber wasserundurchlässig.

Auch die in der Borke eingeschlossene Luft kann Extremtemperaturen sehr gut puffern – ähnlich wie eine Hohlziegelwand. Bäume mit dünnen äußeren Rinden sind weniger gut gegen Temperaturunterschiede geschützt als solche mit dicken.

Silber-Ahorn (*Acer saccharinum*) mit Frostriss

Kultur-Apfel (*Malus domestica*) mit Kalkanstrich

Deshalb bilden in der Regel zu den Pioniergehölzen zählende Baumarten wie Weiden (*Salix*) und Pappeln (*Populus*) sowie Lichtbaumarten wie Scheinakazie (*Robinia*), Lärchen (*Larix*), Kiefern (*Pinus*) und Eichen (*Quercus*) eher dicke Borken aus. Schattenarten wie Buchen (*Fagus*) dagegen besitzen eher dünne Rinden.
Doch nicht nur Arten mit dauerhaft dünner Rinde sind von Temperaturextremen betroffen, sondern auch viele jüngere Bäume, deren Stämme noch eine Glattrinde aufweisen oder zumindest noch nicht von dickerer Borke bedeckt sind. Bei frei stehenden jüngeren Obstbäumen oder auf Plätzen und an Straßen gepflanzten Hochstämmen kann es besonders im Frühjahr zu ausgedehnten Längsrissen kommen. Diese entstehen durch Spannungen zwischen der südexponierten, in der Sonne aufgeheizten Stammseite und der von kalten Nächten abgekühlten, nach Norden gerichteten Seite. Obstbauern und Stadtgärtner versehen die Bäume deshalb häufig mit einem weißen Kalkanstrich oder umgeben sie mit einem schützenden Mantel aus Jutesäcken, Bambusmatten oder ähnlichem. Die hellen Anstriche reflektieren Sonnenstrahlen und damit auch die Wärme. Birken (*Betula*) und manche Pappeln (*Populus*) besitzen von Natur aus helle Sonnenreflektoren in der Rinde.

Inhaltsstoffe der Rinden

Ein großer Teil der Nährstoffe eines Baumes – nicht nur Kohlenhydrate und andere organische Moleküle, sondern auch Mineralstoffe – sind in der Rinde und in den Blättern gespeichert. Wenn diese beim Schlagen von Bäumen am Ort des Einschlags verbleiben, bleibt die Fruchtbarkeit des Bodens weitgehend erhalten. Dies ist ein wichtiger Aspekt bei der nachhaltigen Bewirtschaftung von Forsten.

Doch die Rinde enthält nicht nur Primärstoffe, sondern auch eine Vielzahl an Sekundärstoffen. Dies sind Substanzen, die nicht zur Grundausstattung jeder Pflanze gehören. Sie braucht diese Stoffe nicht unbedingt für ihr Wachstum und ihre Entwicklung, wohl aber im Rahmen ihrer Beziehungen zur Umwelt.
Die bekanntesten Sekundärstoffe in Rinden sind Gerbstoffe. Sie sind nicht nur weit verbreitet, sondern können auch in größeren Mengen in den Rinden vorkommen. Der Name deutet bereits darauf hin, dass diese Stoffe Tierhäute gerben. Hierbei verbinden sie sich mit Eiweißen und verändern deren Eigenschaften. Im Mund oder Maul lösen sie ein zusammenziehendes oder pelziges Gefühl aus, das viele Pflanzenfresser abstößt. Werden sie geschluckt, binden sie an das Gewebe im Verdauungskanal und legen Enzyme lahm, die die Nahrung aufschließen. Organismen, die von Rinde leben, haben deshalb Mechanismen entwickelt, wie sie diese Reaktionen der Gerbstoffe umgehen und so an ausreichend Nährstoffe gelangen.

Auch Calciumoxalat ist ein häufiger Inhaltsstoff von Rinden. Je nach Baumart kann es in kleinen Kristallen, Nadeln oder Drusen vorliegen und sich auf bestimmte

Zellen begrenzen. Häufig begleiten Zellen mit Calciumoxalat die Phloembahnen der inneren Rinde. Möglicherweise reguliert der Baum mit der Bildung dieser unlöslichen Kristalle nicht nur seinen Ionenhaushalt, sondern verteidigt sich auch gegen Fressfeinde.

Manche Baumarten lagern spezifische Sekundärstoffe in ihrer Rinde ein, die mehr oder weniger giftig wirken und je nach Substanz Bakterien, Pilze, Gliedertiere oder auch Wirbeltiere davon abhalten, die Rinde zu fressen. Allerdings haben sich manche dieser Organismen an die spezifischen Inhaltsstoffe angepasst. Sie können auf oder in den entsprechenden Baumrinden leben oder von diesen fressen. Dabei können sie sich auch so stark spezialisiert haben, dass sie gezielt bestimmte Baumarten aufsuchen oder nur noch auf diesen vorkommen.

Wundverschluss

Die Rinde kann den Baum nur dann wirksam schützen, wenn sie intakt ist. Wird sie verletzt, können Erreger wie Bakterien oder Pilze leicht eindringen. Der Baum versucht, Wunden möglichst rasch wieder zu verschließen. Hierzu schottet er zum einen das Holz nach innen ab, indem sich bestimmte Zonen im Holz entwickeln. Oft helfen auch austretendes Harz oder Gummi die Wunde abzudichten. Zum anderen beginnt der Baum, die offene Stelle zu überwallen. Hierzu bildet das intakt gebliebene Kambium am Wundrand einen Wundkallus, der sich wulstartig seitlich ausdehnt und so die offenen Bereiche langsam wieder schließt. Nach einiger Zeit differenzieren sich die Zellen dieses Kallus wieder in die typischen Gewebe, sodass neue Rinde und neues Holz entstehen können. Während einige Baumarten auch große Wunden vollständig überwallen können, bilden andere nur kleine Wülste aus, die umfangreiche Holzflächen offen lassen.

Kultur-Apfel (*Malus domestica*) mit überwallten Astwunden

Verwendung von Rinde

Wirtschaftlich spielt Rinde eine viel geringere Rolle als Holz, obwohl im Durchschnitt das Volumen eines Baumstammes zu 9–15 % aus Rinde besteht. Damit bleiben bedeutende Mengen dieses Rohstoffes bei der Holzgewinnung übrig. Bei einer weltweiten Produktion von Rundholz im Jahr 2017 von 3797 Millionen Kubikmetern sind alleine in diesem einen Jahr über 300 Millionen Kubikmeter Rinde angefallen. Das entspricht einer Menge, mit der man eine 7,5 m breite Straße rund um den Äquator einen Meter hoch mit Rinde belegen könnte.

Abgeschälte Rinde

Während die Bäume lange Zeit direkt im Wald entrindet wurden, findet dieser Arbeitsschritt heute häufig erst in den Sägewerken statt. So kann die Rinde einfacher weiterverwendet werden. Allerdings stammt die Rinde in Sägewerken meistens von verschiedenen Baumarten: Es entsteht eine Mischung, die sich nicht für alle Zwecke nutzen lässt.

Ein Großteil der Rinde dient als Brennmaterial. Vollständig trockene Rinde erreicht dabei einen ähnlichen Heizwert wie Holz. Da die in den Sägewerken anfallende frische Rinde jedoch einen hohen Wassergehalt von oft über 50 % aufweist, muss sie vor dem Verbrennen zerkleinert und vorgetrocknet werden. Ein weiterer Nachteil der Rinde gegenüber dem Holz ist ihr hoher Aschegehalt. Er liegt zwischen 0,6 und 10,7 % und damit in der Regel wesentlich höher als der von Holz mit 0,1–1,5 %. Forscher vermuten deshalb, dass in Zukunft die Biogasgewinnung aus Rinde eine wichtigere Rolle spielen wird.

Rindenmulch in einem Rosenbeet

Auch Gärtner und Landschaftsbauer verwenden größere Mengen Rinde. Sie eignet sich als Torfersatz und ist diesem ökologisch zu bevorzugen. Nach biologischem Abbau entsteht aus Rinde Rindenhumus oder Rindenerde, die zur Bodenverbesserung im Handel ist. Zerkleinerte, unzersetzte Rinde ist als Rindenhäcksel oder Rindenmulch bekannt. Zwischen Sträuchern und Bäumen im Garten mindert ein solcher Mulch den Unkrautbewuchs und die Verdunstung.

Auf Spielplätzen eignet er sich als weicher, den Fall dämpfender Bodenbelag, auf Wegen als stabilisierender, federnder Untergrund.
Rindenhackschnitzel dienen als Rohstoff für wärme- und schallisolierende Faserplatten. Härtere Platten entstehen in Mischung mit Holzschnitzeln.

Da Rinde verschiedene Stoffe binden kann, spielt sie heute zunehmend eine Rolle als ökologisches Füll- und Filtermaterial. Entsprechende Produkte kommen zum Beispiel bei der biologischen Reinigung und Sanierung von belasteten Böden, bei der biologischen Abluftreinigung oder der biologischen Filtrierung von Gülle zum Einsatz.

Früher spielten Rinden eine zentrale Rolle in der Gerberei. Immerhin enthält die trockene Rinde von Fichten 7–18 % und von Eichen 5–17 % Gerbstoffe, die in der Gerberlohe zum Einsatz kamen. Tropische Pflanzen erreichen jedoch einen Gerbstoffgehalt von bis zu 48 %. Ihre Importe sowie synthetische Gerbstoffe drängten deshalb die heimische Gerbstoffgewinnung zurück.
Für die Gerberei sollte sich die Rinde möglichst leicht schälen lassen und frei von anhaftendem Holz sein. Deshalb fand zwischen Mai und August eine „Lohschälung" statt. In diesem Zeitraum ist das Kambium besonders aktiv und die Zellen bieten nur einen geringen mechanischen Widerstand. Die Rinde lässt sich nun sehr sauber vom Holz lösen.

Rinden einzelner Baumarten besitzen spezifische Eigenschaften, wie bestimmte Inhaltsstoffe oder spezielle Strukturen. Solche Rinden haben zum Beispiel in der Heilkunde oder in der Technik eine besondere Bedeutung erlangt. Das Buch nennt solche Verwendungen bei den Einzelporträts.

Rinde und Gliederfüßer

Auf, in und hinter Rinden leben Asseln, Spinnen, Käfer, Wanzen, Tausendfüßer und viele andere Gliederfüßer. Manchen Arten dient die Rinde auch als Nährstoffquelle. So können Milben, Wanzen und Pflanzenläuse dünne Rinden anstechen und so an die nährstoffreichen Säfte im Bast gelangen.

Der Graue Flachstrecker (*Philodromus margaritatus*) ist eine Spinnenart, deren flache Körperform ideal an das Leben unter Borkenschuppen angepasst ist.

Andere Gliederfüßler nutzen Borken mit abblätternden Schuppen oder aufreißenden Spalten als Verstecke und

Jagdreviere. Viele von ihnen überwintern auch dort. In Spalten und hinter Schuppen sammeln sich zudem Kot, Staub und Humus und schaffen so wieder einen eigenen Lebensraum für weitere Arten.

Viele Arten haben ihre Körperform und Färbung perfekt an den Lebensraum Rinde angepasst.

Borkenkäfer tragen ihren Lebensraum scheinbar im Namen. Doch nur die Laven der rindenbrütenden Borkenkäfer leben in den Rinden – und dort in der Regel auch nicht in der toten Borke, sondern in den lebenden Schichten, dem Bast. Das von den Rindenbrütern gebildete Bohrmehl ist deshalb braun

Die Buchenwollschildlaus (*Cryptococcus fagisuga*) dringt mit ihren Mundwerkzeugen in den Bast der Rot-Buche (*Fagus sylvatica*) ein. Bei starkem Befall sehen die Baumstämme wie mit Kreidestreifen bemalt aus.

Brutbild des Doppeläugigen Fichtenbastkäfers (*Polygraphus poligraphus*) in der Rinde der Gewöhnlichen Fichte (*Picea abies*)

Eine Graue Heidelbeereule (*Eurois occulta*) ruht gut getarnt auf der Rinde einer Moor-Birke (*Betula pubescens*).

gefärbt. Die meisten der bei uns heimischen Borkenkäfer gehören zu dieser Borkenkäfergruppe. Da sie die Transportfunktion des Bastes unterbrechen, sterben stark befallene Bäume noch in stehendem Zustand ab. In der Folge löst sich die gesamte Rinde in mehr oder weniger großen Platten vom Stamm. Sowohl die Innenseite der Rinde wie auch die Oberfläche des Holzkörpers bilden die Brutbilder des Käfers ab.

Brutbild des Kleinen Schwarzen Eschenbastkäfers (*Hylesinus oleiperda*) unter der Rinde der Gewöhnlichen Esche (*Fraxinus excelsior*)

Die Larven von holzbrütenden Borkenkäfern dringen weiter in den Stamm ein. Sie leben im Splintholz und ernähren sich dort von Pilzrasen, die die Elterntiere angelegt haben (Ambrosiapilze). Ihr Befall ist an weißem Bohrmehl zu erkennen. Nur die Eingangsröhre und die Ausfluglöcher dieser Käfer verlaufen durch die Rinde.

Borkenkäfer haben sich in der Regel auf eine oder wenige Baumarten spezialisiert und entwickeln dort sehr typische Brutbilder, bei denen oft Rammelkammer, Muttergang, Larvengänge und Puppenwiegen vorhanden sind. An befallenen Stammstücken können meistens sowohl die Borkenkäferart wie auch die Baumart bestimmt werden.

Rinde und Säugetiere

Nahrung

Rinde enthält reichlich Nährstoffe. Hauptsächlich im Winter bildet sie eine begehrte Nahrung für pflanzenfressende Säugetiere. Biber, Hirsche, Rehe, Hasen, Ziegen und viele andere nagen Rinde ab. Auch wenn der Bast besonders nahrhaft ist, fressen die Tiere auch die zellulosehaltige Borke. Sie haben besondere Verdauungssysteme, in denen ihnen Mikroorganismen die Zellulose aufschließen. Bei den Wiederkäuern siedeln diese Bakterien im Pansen. Bei Nagetieren und Hasenartigen ist die Bildung von Blinddarmkot weit verbreitet: Ihre Nahrung muss den Verdauungstrakt zweimal passieren. Das Tier scheidet in der ersten Runde einen

Stehen Bäume auf einer Ziegenweide, nagen die Tiere die Rinde oft vollständig ab und bringen so die Gehölze zum Absterben.

Von einem Biber gefällte und benagte Silber-Weide (*Salix alba*).

hellen Blinddarmkot aus, der aus teilweise aufgespaltener Zellulose, Proteinen, Vitaminen und Enzymen besteht. Diesen frisst das Tier nochmals, um die wertvollen Inhaltsstoffe aufzunehmen (*Caecotrophie*).

Um junge Bäume vor Wildverbiss zu schützen, umhüllen Förster die Stämme in Schonungen häufig mit Manschetten aus Kunststoff oder Rohrmatten.

Besonders auffällig ist der Rindenfraß von Bibern. Sie fällen im Winter auch dicke Bäume, um an die Zweige und die Astrinde zu gelangen. Ein ausgewachsener Europäischer Biber (*Castor fiber*) benötigt im Winter pro Tag etwa 900 g Rinde. Sie wird in seinem Blinddarm von verschiedenen Bakterienarten aufgeschlossen und entgiftet. Die Bakterien sind dabei an die Inhaltsstoffe der jeweiligen Rinde angepasst und stellen sich nur langsam auf neue Baumarten um. Biber nutzen deshalb auch in neuen Revieren oft zuerst die Arten, die sie bereits vorher gefressen haben. Besonders gerne haben sie Weiden (*Salix*) und Pappeln (*Populus*), doch fressen sie auch die Rinde von Buchen (*Fagus*), Hainbuchen (*Carpinus*) und Eschen (*Fraxinus*). Erlen (*Alnus*) und Nadelhölzer dagegen nutzen sie weniger als Nahrung, sondern meist als Baumaterial.

Bau- und Arbeitsmaterial

Hirsche, Rehe und anderes Schalenwild fressen nicht nur die Rinde, sondern nutzen die Bäume auch, um die Haut von ihren frischen Geweihen zu fegen. Dabei beschädigen sie häufig die oberen Borkenschichten oder reißen Stücke heraus.

Wenn Eichhörnchen (*Sciurus vulgaris*) ihre Kobel bauen, verarbeiten sie wenn immer möglich Bastfasern als Bau- und Polstermaterial. So kann der innere

Nestteil zu 80–100 % aus Rindenbast bestehen. Meistens stammen die Fasern von absterbenden oder toten Ästen von Linden (*Tilia*), gelegentlich aber auch von Weiden (*Salix*), Ulmen (*Ulmus*) und Eichen (*Quercus*). Bei Linden deuten in Fetzen an den abgestorbenen Zweigen hängende, am Ende zerschlissene Rindenreste darauf hin, dass sich hier die Eichhörnchen bedient haben. Aus frischer, gesunder Rinde dieser Bäume können sie die Fasern nicht gewinnen, sie schaden dem Baum diesbezüglich also nicht. Doch Eichhörnchen zerren gelegentlich auch Fasern aus den Borken von exotischen Nadelbäumen wie dem Riesenmammutbaum (*Sequoiadendron giganteum*), dem Riesen-Lebensbaum (*Thuja plicata*), oder auch dem Urweltmammutbaum (*Metasequoia glyptostroboides*) oder der Echten Sumpfzypresse (*Taxodium distichum*). Von ihnen bearbeitete Rindenpartien wirken dann besonders stark zerschlissen, aufgeraut oder sogar borstig. Ähnlich können auch „Kratzbäume" von Katzen aussehen, an denen sie ihre Krallen schärfen. In Gärten benutzen die „Stubentiger" dabei sehr gerne den Gewöhnlichen Flieder (*Syringa vulgaris*), dessen Rinde sich ebenfalls in schmalen Streifen löst, aber brüchiger ist und wohl von Eichhörnchen deshalb kaum verbaut wird.

Rinde und Vögel

Baumläufer, Meisen und andere Vögel suchen auf der Rinde, in ihren Spalten oder hinter abgelösten Schuppen nach Insekten und andern Kleintieren.
Spechte hacken auf der Suche nach Nahrung in die Rinde, jedoch meist in solche von bereits geschädigten Stämmen oder Ästen. An diesen können sie auch größere Rindenplatten ablösen. Bei gesunden oder nur gering von

Bei dieser Spechtschmiede steckt ein Fichtenzapfen in der Borke einer Stiel-Eiche (*Quercus robur*).

Hiebspuren eines Dreizehenspechtes (*Picoides tridactylus*) am Stamm einer Haken-Kiefer (*Pinus mugo* ssp. *uncinata*)

Schadinsekten befallen Bäumen setzen sie gewöhnlich nur wenige Hiebe und behacken die Rinde kleinflächig. Meistens liegen die Hiebe horizontal hintereinander. Bei faserigen Rinden bleiben die von den Spechten abgelösten Rindenpartien am Baum hängen, da der Vogel kein Interesse an diesen, sondern nur an den darin verborgenen Insekten hat. Entsprechend bearbeitete Bäume lassen sich deshalb gut von solchen unterscheiden, an denen Eichhörnchen zugange waren. Manche Vögel verarbeiten auch aus Streifenborken gelöste Fasern für ihre Nester. Spechte und Kleiber suchen häufig stark strukturierte, furchige Borken auf, in deren Spalten sie Nüsse und harte Samen einklemmen, damit sie sie in dieser Schmiede aufhacken können. Die leeren Frucht- und Samenhüllen stecken oft noch lange in den Borken.

Rinde und Algen

Algen wachsen nicht nur in der Symbiose mit Pilzen als Flechten auf den Rinden, sondern kommen häufig auch alleine vor. Besonders die Wetterseite der Bäume kann von einem grünlichen Belag aus Grünalgen überzogen sein. Für orange- bis ziegelrote Beläge sind Grünalgen der Gattung *Trentepohlia* verantwortlich. Sie haben sich besonders gut an ihren luftigen Lebensraum angepasst und können wochenlang trocken liegen. Ihre auffallende Farbe erhalten sie durch Carotinoide, die das für die Fotosynthese benötigte Chlorophyll vor zu viel Sonnenenergie schützen.

Schnecken haben beim Abweiden von Algen auf einer Papier-Birke (*Betula papyrifera*) typische Spuren hinterlassen.

Beläge von *Trentepohlia* sp. auf der Borke einer Gewöhnlichen Esche (*Fraxinus excelsior*). Die Zellen der Luftalge haben dicke Wände und enthalten Carotinoidtröpfchen.

Rinde und Moose

Viele Moose haben sich auf Rinden als Lebensraum spezialisiert. Sie wachsen dort als Epiphyten, also als Aufsitzer und schaden ihren Wirtsbaum in der Regel nicht. Den üppigsten und auffallendsten Moosbewuchs tragen Bäume

Moos am Stammfuß einer Rot-Buche (*Fagus sylvatica*)

Das Breite Wassersackmoos (*Frullania dilatata*) bildet dunkle, angedrückte Lager auf der Rinde, hier auf Berg-Ahorn (*Acer pseudoplatanus*). Die Blättchen auf seiner Unterseite sind zu helmartigen Säckchen umgebildet.

an feuchten Standorten, am Stammfuß und in Astgabeln. Auch auf den Wetterseiten der Bäume – meistens in Westrichtung – wird der Stamm häufiger nass, sodass diese für Moose meist ein günstigeres Klima bieten als die wetterabgewandten Seiten. Doch es gibt auch Moosarten, die mit besonders geformten Blättern Wasser speichern und damit weithinauf an scheinbar trockenen Stämmen vorkommen können.

Rinde und Pilze

Viele der scheinbar aus oder auf der Rinde wachsenden Pilze bilden lediglich ihre Fruchtkörper außen am Stamm oder Ast, entwickeln ihr Myzel aber im Holzteil. Erscheinen ihre Fruchtkörper auf der Rinde, zeigt dies meistens an, dass sie das Holz schon weit zersetzt haben. Manche der Pilze leben auch von den Epiphyten auf den Rinden, wie der häufig auf glatten Rinden wachsende Weiße Rindenpilz (*Athelia epiphylla*). Er parasitiert von den Grünalgen, die sich dort angesiedelt haben.

Gewöhnliche Fichte (*Picea abies*) mit Rhizomorphen des Hallimasch

Der Violette Knorpelschichtpilz (*Chondrostereum purpureum*) lebt parasitisch oder saprophytisch im Holz von Laub- und seltener Nadelbäumen und bildet seine Fruchtköper an Schnittflächen oder auf der Rinde, hier auf Bastard-Schwarz-Pappel (*Populus × canadensis*).

Rindensprenger an einem Ast der Gewöhnlichen Hasel (*Corylus avellana*)

Doch auch die Rinde toter Äste und Stämme fällt nicht von alleine vom Holzkörper. Um sie zu lösen, müssen andere Organismen einen Beitrag leisten. Bei den Pilzen gehören hierher die Rindensprenger (Gattung *Vuilleminia*), die oberflächliche Teile der Rinde anheben.

Befällt ein Hallimasch (*Armillaria* sp.) einen Baum, entwickelt er weiße Myzelmatten zwischen Rinde und Holz und bringt das Kambium zum Absterben. Die dunklen Rhizomorphen des Pilzes sind noch lange unter der abgestorbenen Rinde sichtbar. In diesen zähen, festen, an Wurzelfasern erinnernde Strukturen transportiert der Pilz Wasser und Nährstoffe. Sie können die Rinde absprengen und noch lange an den abgestorbenen Stämmen am Leben bleiben.

Rinde und Flechten

Aus der Nähe betrachtet zeigt es sich, dass die meisten Rinden und Borken ab einem gewissen Alter großflächig von epiphytischen Flechten bewachsen sind. Nur frisch abgeschuppte, abgerollte oder aufgerissene Bereiche sind frei, doch sobald sie eine Zeit lang offen liegen, tauchen die ersten Flechtenthalli auf ihnen auf. Viele von ihnen sind unscheinbar und überziehen den Untergrund nur als dünne, farblich oft kaum auffallende Kruste. Andere stehen blättrig oder als kleine Sträuchlein von der Rinde ab oder hängen bärtig an Ästen und Stämmen.

Ob und welche Flechten sich auf Rinden ansiedeln, ist von den Bedingungen der Umgebung abhängig. An Bäumen in feuchten Tallagen gedeihen oft andere Flechtenarten als an derselben Baumart auf ausgesetzten Felsköpfen, an abgasreichen Straßen andere als in Reinluftgebieten.

Am gleichen Standort tragen unterschiedliche Baumarten einen anderen Flechtenbewuchs. Entscheidend hierfür sind Eigenschaften der Rinde. Auf Glattrinden und glatten Borkenpartien, von denen das Regenwasser rasch abfließt, entwickeln sich besonders Krustenflechten. Tiefrissige, raue Borke dagegen speichert das Wasser meistens besser und bietet vielen Laub-, Strauch- und Bartflechten einen Lebensraum. Auf Borken, deren äußerste Schicht sich häufig abschuppt, können langsam wachsende Arten kaum Fuß fassen – hier siedeln nur raschwüchsige Arten. Zusätzlich beeinflusst auch der pH-Wert das Artenspektrum. Viele Flechten bevorzugen basenreiche Baumarten wie Spitz-Ahorn (*Acer platanoides*), Esche (*Fraxinus*) und Ulme (*Ulmus*).

Gewöhnliche Esche (*Fraxinus excelsior*) mit Patchwork von Krustenflechten

Mit dem oft querovalen Wuchs folgen die Flechtenthalli der Dickenzunahmen der Stämme. Reißt die Rinde auf, werden sie zerrissen, hier an Echter Walnuss (*Juglans regia*).

Bartflechten (*Usnea* sp.) an einer Europäischen Lärche (*Larix decidua*)

Bestimmungsschlüssel Stammrinden

Der Schlüssel umfasst die im Buch beschriebenen Baumarten und gilt für Stämme ab einem Durchmesser von 12–15 cm. Viele Bäume oder Stammstücke mit auffallenden und charakteristischen Rinden lassen sich damit bis auf die Baumart bestimmen. In anderen Fällen erweist sich dies als sehr viel schwieriger oder gar unmöglich, da Rinden im Gegensatz zu Blättern, Blüten und Früchten innerhalb einer Art eine große Variabilität aufweisen und sich zudem mit dem Alter der Bäume verändern. Viele Arten erscheinen deshalb mehrmals im Schlüssel. Häufig müssen für eine eindeutige Bestimmung weitere Merkmale des Baumes berücksichtigt werden. Merkmale wie Kronenform, Anordnung der Blätter und Zweige, Spannrückigkeit, Bildung von Maserknollen, Stockausschlägen oder Brettwurzeln geben hierbei zu jeder Jahreszeit wichtige weitere Hinweise und können auch an großen Bäumen erkannt werden. Sofern mehrere gleiche Bäume an einem Standort wachsen, sollten für die Bestimmung die Rinde mehrerer Stämme herangezogen werden.

Oberfläche der Rinde über große Bereiche glatt, ohne Längsrisse, Längsfurchen oder Längsrippen – **Schlüssel A**

Rinde nur mit Längsrissen, dazwischen ziemlich glatt, ohne Rippen und Furchen – **Schlüssel B**

Rinde mit lang ablösenden Längsfasern oder Längsstreifen (Streifen mindestens 4-mal so lang wie breit) – **Schlüssel C**

Rinde mit Schuppen oder Platten oder zerklüftet, aber ohne ausgeprägte Längsrippen oder Längsfurchen – **Schlüssel D**

Rinde mit Längsrippen und Furchen – **Schlüssel E**

Schlüssel A: Oberfläche der Rinde über große Bereiche glatt, ohne Längsrisse, Längsfurchen oder Längsrippen

1. Rinde abrollend oder in dünnen Schichten ablösend, dabei bandförmige Schichten horizontal mehr oder weniger eingerollt, lassen sich abziehen
    a. weiß, gelblich, rosa oder hell rötlich, mit auffallenden quer verlaufenden Lentizellen
        i. viele fast schwarze, harte, zerklüftete, wulstige oft rautenförmige Zonen – ***Betula pendula***
        ii. Solche Zonen fehlend oder nur an der Stammbasis
            1. Oberfläche grauweiß bis cremeweiß, fein abrollend, frisch freigelegte Bereiche heller weiß – ***Betula pubescens***
            2. Oberfläche blendend weiß bis cremeweiß, auffällig und breit abrollend, frisch freigelegte Bereiche oft orangebraun, Baum meist mehrstämmig – ***Betula papyrifera***
            3. Oberfläche weiß, breit abrollend, frisch freigelegte Bereiche etwas dunkler, rahmweiß bis rosa – ***Betula utilis*** **var.** ***jacquemontii***
            4. Oberfläche gelblichweiß, gelblichgrau oder rötlichgelb, breit abrollend – ***Betula ermanii***
            5. Oberfläche weißlichrosa, meist bereift, breit abrollend, Innenseite hellbraun bis mahagonifarben – ***Betula albosinensis***
    b. braun, graubraun, rotbraun oder rotorange
        i. viele abgerollte Lagen am Stamm abstehend, bilden eine wilde Oberfläche, lachsfarben bis braungrau – ***Betula nigra***
        ii. höchstens wenige Lagen gleichzeitig abrollend, keine wilde Oberfläche bildend

1. grau, graubraun oder rötlichbraun, meist leicht glänzend
   a. Innenseite der abgerollten Streifen anfangs oft braunrot, häufiger Obst- und Waldbaum – ***Prunus avium***
   b. seltener Zierbaum – ***Betula lenta***
2. rotbraun, stark glänzend – ***Prunus serrula, Acer griseum***
3. kupfer- bis bernsteinfarbig – ***Prunus maackii***

2. Rinde nicht abrollend
   a. mit Harzbeulen, diese elastisch, bis über 1 cm groß, immergrüner Nadelbaum
      i. Rinde olivgrün, graugrün, bis schwärzlich – ***Pseudotsuga menziesii***
      ii. Rinde heller (Achtung: Algen- und Moosbewuchs bei feucht und schattig stehenden Exemplaren kann dunklere Farbe vortäuschen) – ***Abies alba***
   b. ohne Harzbeulen
      i. mit grünen, braunen und weißen Farbstreifen und Lentizellen – ***Acer rufinerve, Acer davidii, Acer capillipes, Acer pensylvanicum, Acer conspictum***
      ii. Rinde ohne solche Farbstreifen
         1. Rinde mit auffallenden Lentizellen oder Querrissen
            a. Lentizellen in mehr oder weniger langen Längslinien angeordnet
               i. Lentizellen länglich, durch leicht erhabene Längslinien miteinander verbunden – ***Liriodendron tulipifera***
               ii. Lentizellen quer gestreckt, bilden kurze Längsbänder, Rinde hellgrau bis grüngrau, angeritzte Rinde riecht nach Erbsen (Vorsicht giftig!) – ***Laburnum anagyroides***
               iii. Lentizellen querelliptisch mit Längsspalt, z.T. in kurzen Längsreihen angeordnet, Rinde hellgrau, glänzend – ***Tilia platyphyllos***
            b. Lentizellen anders angeordnet
               i. Lentizellen rautenförmig
                  1. Rinde weißlich, gelblichweiß oder grünlichweiß, nicht glänzend, Lentizellen dunkler, stark auffallend
                     a. Rinde gelblichbraun bis olivgraugrün oder grauweiß, Lentizellen und Chinesenbärte grau bis dunkelgrau – ***Populus tremula***
                     b. Rinde weiß oder hell weißgraugrünlich, mit bis über 1 cm großen, dunkelgrauen bis schwarzen Rhomben, zum Teil in waagerechten Bändern, Chinesenbärte dunkelgrau bis schwarz – ***Populus alba***
                  2. Rinde grau, rötlichbraun oder dunkelgrauviolett, meist mit hellen silbergrau glänzenden Bereichen, Lentizellen heller oder gleichfarben – ***Sorbus aria***

3. Rinde hellgrau, hellbraun, graugrünlich oder violettbraun, Lentizellen oft in Längslinien untereinander angeordnet – ***Tilia cordata, Tilia platyphyllos***
4. Rinde graugrün, schwarzgrau oder grüngrau – ***Ilex aquifolium***

ii. Lentizellen rundlich
   1. nur wenig erhaben
      a. Rinde silbergrau oder graugrün, Lentizellen deutlich heller – ***Castanea sativa***
      b. Rinde grau, matt, Rinde mit Querlinien – ***Celtis australis***
   2. deutlich warzig erhaben
      a. Rinde graugrün, rötlich- oder bläulichweiß oder weißlich, Lentizellen gleichfarben oder dunkler, immergrüner Nadelbaum – ***Abies alba***
      b. Rinde rötlichbraun bis schwarzbraun, Lentizellen heller, ockerbräunlich bis rostfarben, Laubbaum – ***Prunus padus***
      c. Rinde hell- bis dunkelgrau oder graubraun, Lentizellen gleichfarben, oft in lockeren Querreihen, Laubbaum – ***Aesculus hippocastanum, Alnus incana, Magnolia × soulangeana***

iii. Lentizellen quer gestreckt oder Querrisse vorhanden
   1. Immergrüner Laubbaum, Rinde graugrün bis schwarzgrau, oft glänzend – ***Ilex aquifolium***
   2. Sommergrüner Laubbaum
      a. Lentizellen schmal, oft viele zu kurzen Längs- oder Schrägbändern angeordnet, Rinde hellgrau bis grüngrau, riecht angeritzt nach Erbsen (Vorsicht giftig!) – ***Laburnum anagyroides***
      b. Lentizellen anders angeordnet,
         i. Rinde beigebraun, grünlichbraun oder grüngrau, glänzend Lentizellen deutlich heller – ***Alnus glutinosa***
         ii. Rinde bläulich grau, graubraun oder braunrot, Innenseite gelb, mit Lauge rot – ***Frangula alnus***
         iii. Rinde grau oder rötlichbraun, meist horizontal abrollend, Lentizellen bis mehrere cm lang waagerecht gestreckt, wulstig erhaben, oft körnelig
            - Innenseite der abgerollten Streifen anfangs oft braunrot, häufiger Obst- und Waldbaum – ***Prunus avium***
            - seltener Zierbaum – ***Betula lenta***

iv. Rinde hell- bis dunkelgrau oder graubraun, Lentizellen oft in lockeren Querreihen oder waagerecht gestreckt – ***Aesculus hippocastanum, Alnus incana, Magnolia × soulangeana, Corylus avellana***
v. Rinde hellgrau, gelblichgrau, braun oder manchmal bläulich, glänzend oder durch Algen und Flechten matt, mit mehr oder weniger erhabenen Lentizellen, die zu Querbändern verbunden sein können – ***Sorbus aucuparia***
   - Rinde ähnlich wie S. aucuparia, aber grau bis bräunlich – ***Sorbus torminalis***

2. Rinde ohne auffallende Lentizellen
   a. Stamm mindestens 30 cm dick
      i. Rinde bleigrau bis silbergrau, matt – ***Fagus sylvatica***
      ii. Rinde insgesamt hellgrau oder weißlichgrau, oft farblich ein silbriggraues Netzmuster und dunkler graue Felder erkennbar, Stamm oft spannrückig – ***Carpinus betulus***
   b. Stamm dünner
      i. Rinde bleigrau bis silbergrau, matt – ***Fagus sylvatica***
      ii. Rinde grau bis dunkelgraubraun, matt – ***Acer pseudoplatanus***
      iii. Rinde grau, oft fein längsstreifig – ***Acer saccharinum***
      iv. Rinde dunkelgrau bis graubraun oder graugrün mit kleinen, rundlichen oder länglichen Lentizellen – ***Quercus rubra***
      v. Rinde grau, graugrünlich oder graugelblich, manchmal mit zarten Längsstreifen – ***Fraxinus excelsior***
      vi. Rinde insgesamt hellgrau oder weißlichgrau, oft farblich ein silbriggraues Netzmuster und dunkler graue Felder erkennbar, Stamm oft spannrückig – ***Carpinus betulus***

Schlüssel B: Rinde nur mit Längsrissen, dazwischen ziemlich glatt, ohne Rippen und Furchen

1. Immergrüner Nadelbaum. Risse unregelmäßig zackig. Rinde dazwischen dunkel graubraun, mit elastischen Harzbeulen, duften beim Anritzen nach Zitrone oder Orange – ***Pseudotsuga menziesii***
2. Sommergrüner Laubbaum
   a. Längsrisse an den Rändern mit deutlich dreieckigen Zacken
      i. Zacken groß (entlang von Reihen großer rhombischen Lentizellen entstanden), ziemlich dicht beieinander liegend, im Zentrum oft orangebeige, Risse wirken wie mit einem Schnitzwerkzeug bearbeitet, oft unterbrochen – ***Acer platanoides***
      ii. Zacken fein, weißlich, Risse weißlich, erinnern an Messerschnitte – ***Liriodendron tulipifera***
      iii. Zacken unregelmäßig, weniger scharf, Längsrisse kurz oder länger, rötlich oder beige, zusätzlich oft noch mehr oder weniger viele Lentizellen mit Längsspalt vorhanden – ***Tilia cordata, Tilia platyphyllos***
   b. Längsrisse an den Rändern ohne deutlich dreieckige Zacken
      i. Risse flach, weißlich, zumindest stellenweise von einer dünnen, hautartigen Schicht mit einem rhombisch-länglichen Muster überlagert, Rinde elastisch, lässt sich mit den Fingern etwas drücken, auch dicke Stämme nur längsrissig und ohne auffallende Rippen – ***Ailanthus altissima***
      ii. Rinde mit deutlichen Warzen oder Lentizellen
         1. deutliche Warzen, Ränder der Rinde etwas abhebend, Stamm häufig mit Dornenbüscheln – ***Gleditsia triacanthos***
         2. Lentizellen mit rötlichem Längsspalt, Risse kurze, manchmal auch länger, rötlich oder beige – ***Tilia cordata, Tilia platyphyllos***

3. Lentizellen quer gestreckt, Rinde zwischen den Rissen matt glänzend
    a. zwischen den Rissen graubraun – ***Mespilus germanica***
    b. zwischen den Rissen rötlichgrau, braungrau oder dunkelgrau, Risse in der Tiefe oft rötlichbraun – ***Prunus domestica, Prunus persica, Prunus serotina***

iii. Rinde ohne deutliche Warzen oder Lentizellen
1. Rinde etwas glänzend oder matt, Risse hell oder rötlich, lang oder unterbrochen und gegeneinander versetzt – ***Quercus petraea, Quercus robur***
2. Rinde grünlich, silbergrau bis bräunlich, matt glänzend, Risse rotbräunlich – ***Ulmus minor, Ulmus glabra, Ulmus laevis***
3. Rinde dunkelgrau bis graubraun oder graugrün, matt, Längsrisse hell, einzeln, oder gleichmäßig verteilt, lang, am Grund auch rötlich – ***Quercus rubra***
4. Rinde matt grau, ohne Struktur oder sehr fein längsstreifig
    a. Rindenränder etwas abhebend
        i. Rinde matt, Risse lang, rötlich graubraun gefärbt – ***Acer saccharinum***
    b. Rindenränder nicht abhebend
        i. Risse lang, fein, zahlreich, ziemlich nah beieinander, oft unterbrochen oder gegeneinander versetzt, regelmäßig, hell, weißlich bis gelblich
            - Zweige wechselständig – ***Juglans regia***
            - Zweige gegenständig – ***Fraxinus excelsior***

Schlüssel C: Rinde mit lang ablösenden Längsfasern oder Längsstreifen (Streifen mindestens 4-mal so lang wie breit)

1. ablösende schmale Fasern
   a. Rinde lässt sich mit der Faust eindrücken, schwammig weich, feine Lagen lösen sich in papierdünnen Plättchen oder Längsfasern, abgefallene Äste hinterlassen Löcher in der Rinde
      i. schmale Schuppenblätter – ***Sequoiadendron giganteum***
      ii. Nadeln – ***Sequoia sempervirens***
   b. Rinde lässt sich nicht mit der Faust eindrücken
      i. Oberfläche grau bis graubraun, glatt, schimmernd, Schichten darunter rötlichbraun, stark längsfaserig, sommergrüner Nadelbaum mit unregelmäßigem Stammquerschnitt
         1. Unterer Stammbereich manchmal wie zopfartig geflochten, Stamm unter den Ästen jeweils mit tiefer Aushöhlung – ***Metasequoia glyptostroboides***
         2. Furchen und Rippen bilden oft bis weit hinauf ein vertikal verflochtenes Muster, oft Wurzelknorren – ***Taxodium distichum***
      ii. Oberfläche gelb- bis rotbraun oder grau, Längsleisten aus verschieden dicken, unregelmäßig längsrissigen Platten, lassen sich in Steifen abziehen und fasern mit steifen, kleinen Fasern ab, rücken an dicken Stämmen oft auseinander, immergrüner Nadelbaum – ***Thuja plicata***
      iii. Oberfläche grau bis graubraun, fasert in schmalen Streifen stark ab, freigelegte Schichten nicht wesentlich anders gefärbt, Stamm kurz, sehr häufig mit Drehwuchs, sommergrüner Laubbaum – ***Syringa vulgaris***

2. ablösende Längsstreifen oder Längsleisten
    a. Längsstreifen fasern oberflächlich ab, immergrüner Nadelbaum mit Schuppenblättern – ***Chamaecyparis***
    b. Längsstreifen lang, oft fein waagerecht gerissen, daneben auch bogige Streifen, diese häufig scheinbar zonenartig um einen zentralen Punkt – ***Aesculus hippocastanum***
    c. Längsleisten mit auffallenden, rauen Pusteln, heben sich an den Rändern parallel zur Stammrichtung ab, Stamm häufig mit Dornenbüscheln – ***Gleditsia triacanthos***
    d. Längsleisten schindelartig, lösen sich oft an den unteren und/oder oberen Enden vom Stamm
        i. Längsleisten auf der Oberseite flach, ziemlich glatt oder feinschuppig, relativ starr – ***Acer saccharinum***
        ii. Längsleisten mit korkig-rauer, oft rissiger Oberfläche – ***Corylus colurna***

Schlüssel D: Rinde mit Schuppen oder Platten oder zerklüftet, aber ohne ausgeprägte Längsrippen oder Längsfurchen

Rindenteile lassen sich nicht oder nur schwer lösen, blättern nicht oder kaum ab

1. Felder quader- bis würfelförmig, z.T. abbröckelnd
   a. Zweige gegenständig, häufig mit Korkleisten – ***Acer campestre***
   b. Zweige wechselständig, häufig Drehwuchs – ***Pyrus communis***
2. Felder nicht quader- bis würfelförmig
   a. Rinde hart, schollig zerklüftet
      i. rau, grau – ***Fraxinus excelsior***
      ii. sehr dunkel, meist fast schwarz, von Bereichen mit weißer Oberfläche unterbrochen oder weiter oben am Stamm solche Bereiche – ***Betula pendula***
   b. Rinde korkig, zerklüftet, erinnert im Aussehen an grob und unregelmäßig aufgerissenes Brot oder Schwamm, lässt sich mit einem Gegenstand eindrücken
      i. Rinde rotbraun, grau oder grauschwarz mit unregelmäßige Rippen und Spalten, Spalten in der Tiefe meist heller – ***Pseudotsuga menziesii***

Rinde mit abblätternden Schuppen oder Platten (lösen sich von selbst oder lassen sich mit den Fingern lösen), nicht alle Schuppen mehr als 4-mal so lang wie breit

1. Schuppen oder Schuppenlagen legen größere, mehr oder weniger glatte Bereiche frei, Rinde zeigt oft ein Farbenspiel
   a. Ziemlich große (über 4 cm) Platten blättern großflächig oder puzzleartig ab, frei gelegte Flächen glatt und rot, rötlich oder rotbraun
      i. Schuppen rotbraun bis gelblichbraun, olivgrün, graubraun oder grau, glatt, frisch frei gelegte Flächen glatt, mehr oder weniger stark rost- bis karminrot, immergrüner Nadelbaum – ***Taxus baccata***
      ii. Schuppen grau oder braungrau, groß, mit bogenförmigen Rändern, häufig scheinbar zonenartig um einen zentralen Punkt oder langgezogene, oft fein waagerecht gerissene Bänder bildend – ***Aesculus hippocastanum***
      iii. Schuppen anders, nicht zonenartig um einen zentralen Punkt – ***Malus***
   b. Nicht alle Merkmale gemeinsam zutreffend
      i. frei gelegte Flächen und Schuppen mit feinen orangen bis rehbraunen oder helleren, an den Rändern etwas erhabenen Längsstreifen, gräulich, bräunlich, ockerfarben oder rotbraun – ***Cydonia oblonga***
      ii. frei gelegte Flächen hell, Rinde häufig mit Farbenpatchwork
         1. frei gelegte Flächen sehr dicht und regelmäßig mit feinen, kurzen Längsstrichen, Farbenspiel von weißlich bis gelblich, grünlich und braun – ***Platanus***
         2. frei gelegte Flächen oft mit an Höhenlinien erinnernden leichten Leisten und kleinen, erhabenen Noppen, z.T. Farbenspiel von weiß über hellgelblich, gelb bis grünlichgrau und braun – ***Acer pseudoplatanus***
         3. frei gelegte Flächen nur an den Rändern der abgefallenen Schuppen mit erhabener Kante, sonst mit mehr oder weniger vielen, hellen Warzen in Längs- oder Querreihen oder unregelmäßig angeordnet – ***Parrotia persica***
         4. frei gelegte Flächen anders strukturiert, teils mit kleinen Beulen und Warzen – ***Malus***
   c. Schuppen relativ klein und dünn, verbiegen sich zum Teil
      i. frei gelegte Flächen hellbraun, rötlichbraun oder rotviolett, glatt – ***Cornus mas***
      ii. frei gelegte Flächen rötlich oder grau, oft mit kleinen Beulen oder Warzen – ***Malus, Sorbus torminalis***
2. Schuppen legen keine großen, mehr oder weniger glatten Flächen frei
   a. Schuppenoberfläche glatt oder mit warzigen Lentizellen oder Höckern, aber nicht schuppig oder rau (aus einer glatten Rinde hervorgegangene Schuppen)

i. Schuppen mit warzigen Lentizellen oder Höckern
   1. immergrüner Nadelbaum
      a. Schuppen weißgrau, unterschiedlich groß, mit geraden oder gebogenen Rändern, lösen sich erst spät – ***Abies alba***
      b. Schuppen hellgrau bis schwarzgrau, oft etwas glänzend, Längsrisse blass rötlichbraun – ***Cedrus atlantica***
      c. Schuppen ziemlich gleich groß, rundlich oder oval, hell rötlichbraun, grau oder graubraun – ***Picea abies***
      d. Schuppen ungleich groß, graubraun oder rötlichbraun, Ränder gerundet, Lentizellen oft in Querbändern – ***Tsuga canadensis***
   2. Sommergrüner Laubbaum
      a. Schuppen ungleich groß, eckig, beigebraun, grünlichbraun oder braunschwarz, Inneres der Rinde rötlich, Risse braun oder schwarz – ***Alnus glutinosa***
      b. Schuppen länglich bis rechteckig, flach, anfangs rotbraun, später graubraun, Rinde unter abgelösten Schuppen anfangs orangebraun – ***Mespilus germanica***

ii. Schuppen ohne auffallende Lentizellen oder Höcker
   1. Schuppen rechteckig oder quadratisch – ***Acer pseudoplatanus***
   2. Schuppen mit bogig verlaufenden Rändern
      a. Schuppen hinterlassen an Höhenlinien erinnernde Leisten, frei gelegte Bereiche anfangs hell, fast weißlich – ***Acer pseudoplatanus***
      b. freigelegte Flächen ohne solche Leisten, oft rötlichbraun, erste Schuppen entstehen häufig scheinbar um einen zentralen Punkt oder bilden langgezogene, fein waagerecht gerissene Bänder – ***Aesculus hippocastanum***

b. Schuppen lösen sich oberflächlich von größeren Schuppen oder Flächen, Bereiche unter den Schuppen unregelmäßig oder wiederum schuppig
   i. Bereiche unter den Schuppen mit an Höhenlinien erinnernden, leicht erhabenen Leisten und unregelmäßig verteilten erhabenen Noppen – ***Acer pseudoplatanus***
   ii. Bereiche unter den Schuppen mit zartem Längsstreifenmuster, Schuppen oft nur papierdünn, immergrüner Nadelbaum – ***Picea omorika***
   iii. Schuppen heben sich an einem oder mehreren Rändern und bleiben in diesem gebogenen Stadium noch mehr oder weniger lange haften
      1. Schuppen rundlich oder länglich-abgerundet, lösen sich muschelartig an allen Rändern, Rinde darunter rotbraun, harziger Geruch, immergrüner Nadelbaum – ***Picea abies***
      2. Schuppen rissig, klein und dünn, biegen sich unregelmäßig. Innenseite hellbraun bis rötlichbraun, Laubbaum – ***Cornus mas***

3. Schuppen dünn, ungleichmäßig, oft etwas längs gestreckt, kleinflächig abblätternd, Laubbaum
– ***Crataegus, Rhamnus cathartica, Malus, Sorbus torminalis***

iv. Schuppen nicht charakteristisch vom Stamm abgebogen
1. Schuppen länglich bis rechteckig, flach, anfangs rot-, später graubraun, Rinde darunter anfangs orangebraun – ***Mespilus germanica***
2. Schuppen z.T. sehr dick, eckig, Rinde schwarzbraun, bricht schollig auf, mit dunklen, unregelmäßigen Rissen – ***Alnus glutinosa***

Schlüssel E: Rinde mit Längsrippen und Furchen

1. Rinde nur im unteren Stammbereich mit Rippen, darüber ziemlich glatt, weiß, weißlich oder hell grüngrau
   – ***Populus alba, Populus × canescens, Populus tremula***
2. Rinde weiter hinauf mit Rippen oder obere Stammbereiche anders
   a. Rippen ziemlich regelmäßig durch feine Querrisse in kleine Felder oder würfelartige Partien zerteilt
      i. Felder ziemlich regelmäßig breiter wie hoch, flach, sommergrüner Laubbaum
         1. Schuppen rollen seitlich in kurzen Stückchen ab oder heben sich an den Rändern – ***Prunus domestica, Prunus persica***
         2. Schuppen rollen nicht seitlich ab
            a. Zweige wechselständig – ***Castanea sativa***
            b. Zweige gegenständig – ***Acer platanoides***
      ii. Felder nicht regelmäßig breiter wie hoch
         1. Sommergrüner Laubbaum
            a. Felder flach, Rippen nicht abschuppend
               i. Zweige gegenständig – ***Acer platanoides, Fraxinus excelsior***
               ii. Zweige wechselständig, Rippen oft auffallend hell
                  – ***Juglans regia***
            b. Felder höher, eckig bis würfelförmig, z.T. abbröckelnd
               i. Zweige gegenständig, häufig mit Korkleisten
                  – ***Acer campestre***
               ii. Zweige wechselständig, häufig Drehwuchs
                  – ***Pyrus communis***
         2. Immergrüner Nadelbaum
            a. Schuppen hellgrau, graubraun oder schwarzgrau, Längsfurchen blass rötlichbraun – ***Cedrus atlantica***

b. Schuppen dunkel rotbraun bis graubraun, unregelmäßige Längsfurchen beige bis kräftig hellbraun – ***Pseudotsuga menziesii***
c. Schuppen rotbraun bis blassbraun, Längsfurchen rotbraun, nur an Stämmen bis ca. 20 cm Durchmesser – ***Chamaecyparis***

b. Rippen deutlich geschichtet, viele dünne Schuppenlagen, Schuppen blättern ab, Rinde riecht harzig, Nadelbaum
  i. Schuppen längs gestreckt, Außenseite rotbraun bis graubraun oder schwarzbraun, Innenseite rötlichviolett – ***Ladix decidua, Larix kaempferi***
  ii. Schuppen puzzleartig geformt, mit dünnen, pergamentartigen Rändern
    1. Rindenplatten schuppig, wirken schwammig-porös
      a. Rinde mindestens im oberen Stammbereich rotbraun bis fuchsrot – ***Pinus sylvestris***
      b. Rinde an Ästen und Stämmen graubraun bis braun oder schwarzgrau – ***Pinus mugo***
    2. Rindenplatten kompakter, Rinde auf der ganzen Stammlänge mehr oder weniger gleich gefärbt – ***Pinus nigra***

c. Rippen in einem mehr oder weniger ausgeprägten Längsnetz verbunden, Rippenverlauf ohne dominierende Rechts- oder Linksrichtung
  i. Rippennetz sehr regelmäßig, Furchen und Furchenränder heller als die Rippen, weißlich, hellgrau oder ockerfarben – ***Liriodendron tulipifera***
  ii. Rippennetz weniger regelmäßig
    1. auffallende x-förmige Rippenüberkreuzungen, Rinde sehr tief zerfurcht, sehr unregelmäßig
      a. Oberfläche der Rippen unregelmäßig pockig-würfelig, Stamm häufig spannrückig oder mit Maserknollen
        i. Furchen oft hell rotbraun – ***Robinia pseudoacacia***
        ii. Krone unregelmäßig – ***Populus nigra***
        iii. Krone schlank pyramidal und Stammbasis mit Brettwurzeln – ***Populus nigra* 'Italica'**
      b. Oberfläche der Rippen rau oder kleinschuppig – ***Salix alba***
    2. Rippen breit, lassen sich mit den Fingern etwas drücken, Rinde korkig, wirkt porös, sandig-rau, Furchen in der Regel gelblichbeige bis hellbraun, heller als die Rippen – ***Ginkgo biloba***
    3. Rippennetz mit Querrissen
      a. Querrisse lassen deutliche V- oder Y-förmige Rippenabschnitte entstehen
        i. Rippen breiter als die steilen Furchen, Oberfläche flach, glatt, hell, meist hellgrau, Furchen meist dunkler grau bis fast schwarz – ***Juglans regia***
        ii. Rippen dick, uneben, mit kleinen Schuppen oder rau, rissig. Farbe der Rippen und Furchen ockergrau bis gräulich oder dunkelgrau, glanzlos – ***Salix alba***

b. viele regelmäßige Querrisse, jedoch keine V-oder Y-förmige Rippenabschnitte
   i. Rippen nicht abschuppend, Oberfläche flach – ***Acer platanoides***
   ii. Rippen durch Querrisse in dickere, eckige Schuppen geteilt, diese z.T. abbröckelnd – ***Acer campestre***

4. Rippen ohne oder nur mit wenigen Querrissen
   a. Überkreuzungen häufig
      i. Rinde fest, lässt sich nicht drücken
         1. Rippen graubraun oder beigebraun, unregelmäßig, Furchen hell rotbraun, oft breit, Zweige mit paarigen Dornen – ***Robinia pseudoacacia***
         2. Rippenoberfläche flach, bei dicken Bäumen gewölbt, Stamm gerade, walzenförmig, Zweige gegenständig – ***Acer platanoides, Fraxinus excelsior***
         3. Rippen meist heller als die oft rötlichbraunen Furchen, auf der Oberfläche lange flach und glatt, Zweige wechselständig
            a. Rinde meist deutlich mehrfarbig, bereits an dünnen Stämmen, Stamm meist kurz, oft mehrstämmig, großer Strauch oder kleiner Baum – ***Salix caprea***
            b. Rinde wirkt insgesamt grau, dunkelbraun oder graubraun, erst an dickeren Stämmen ausgebildet, großer Baum – ***Ulmus glabra, Ulmus laevis***
         4. Rippen dunkler als die Furchen oder gleichfarbig, Rippenoberfläche uneben – ***Styphnolobium japonicum***
      ii. Rinde korkig, Rippen lassen sich mit den Fingern etwas drücken
         1. Furchen in der Tiefe ockerfarben bis rötlich, Zweige fischgrätenartig ausgebreitet, häufig Wurzelschosse – ***Ulmus minor***
         2. Furchen gleichfarbig oder an manchen Bereichen ockerfarben, Zweige nicht fischgrätenartig – ***Sambucus nigra***
   b. Überkreuzungen selten oder nur an einzelnen Abschnitten, bilden X-förmige Strukturen, diese nicht durch Querrisse V-förmig zerteilt.
      i. Krone unregelmäßig – ***Populus nigra***
      ii. Krone schlank pyramidal und Stammbasis mit Brettwurzeln – ***Populus nigra* 'Italica'**
      iii. Krone meist sehr gleichmäßig – ***Tilia cordata, Tilia platyphyllos***
      iv. Krone locker, Hauptäste trichterförmig, auch malerisch knorrig – ***Styphnolobium japonicum***

d. Kein deutliches Rippennetz oder ein solches höchstens in Stauchungszonen unter den Ästen
   i. Rippen gebrochen, verlaufen ziemlich gerade oder leicht gedreht um den Stamm
      1. Rippen durch tiefe, scharfe Querfurchen quader- bis würfelförmig gefeldert, Würfel können abbröckeln
         a. Zweige gegenständig, häufig mit Korkleisten – ***Acer campestre***
         b. Zweige wechselständig
            i. Felder würfelförmig, hoch, häufig Drehwuchs – ***Pyrus communis***
            ii. Felder quaderförmig – ***Mespilus germanica***
      2. Rippen unregelmäßig, nicht durchgehend, immer wieder aufgelöst, Oberseite flach, Lentizellen zum Teil erkennbar, vereinzelt mit Querrissen – ***Alnus glutinosa***
      3. Rippen über eine längere Strecke mehr oder weniger durchgehend,
         a. Rippen gefeldert, blättern ab bzw. Schuppen geben elastisch nach und lassen sich mit den Fingern lösen, Furchen flach
            i. Oberfläche rau, oft rissig, frei gelegte Flächen beige bis hellbraun – ***Corylus colurna***
            ii. Rippen quer gebrochen, Schollen häufig länger als breit, freigelegte Flächen rotbraun bis braun – ***Sorbus domestica***
         b. Rippen blättern nicht ab
            i. Rippen deutlich breiter wie hoch
               1. Rinde grau bis graubraun, Oberfläche der Rippen ziemlich flach – ***Quercus rubra***
               2. Rinde grau bis schwarzbraun, regelmäßig, Oberfläche der Rippen flach bis uneben, strukturiert – ***Tilia cordata, Tilia platyphyllos***
            ii. Rippen nicht deutlich breiter wie hoch
               1. Rippen grob unregelmäßig schollig gebrochen, Schollen rau, uneben
                  a. Rippen korkig, lassen sich mit den Fingern etwas drücken, Zweige oft mit Korkleisten – ***Liquidambar***
                  b. Rippen lassen sich nicht drücken
                     - Zweige gegenständig – ***Fraxinus excelsior***
                     - Zweige wechselständig – ***Quercus petraea, Quercus robur***
               2. Rippen quer gebrochen, entstehende Schollen häufig länger als breit, rau – ***Acer platanoides, Populus × canadensis, Quercus petraea, Quercus robur, Ulmus glabra***

e. Rippen ziemlich senkrecht oder leicht gedreht um den Stamm, nicht grob horizontal gebrochen
   i. Rippenoberfläche flach
      1. Leisten mit auffallenden, rauen Pusteln, heben sich an den Rändern parallel zur Stammoberfläche ab, Stamm häufig mit Dornenbüscheln – ***Gleditsia triacanthos***
      2. Leisten ohne raue Pusteln, grau
         a. Leisten in längliche Platten zerteilt, oft besonders oben oder unten abhebend, Zweige gegenständig – ***Acer saccharinum***
         b. Leisten haftend, unregelmäßig, nicht abhebend, zum Teil mit feinen Querrissen, Zweige wechselständig – ***Quercus rubra***
   ii. Rippenoberfläche nicht flach
      1. Rippen korkig, lassen sich mit den Fingern etwas drücken
         a. Rinde wirkt porös, sandig-rau, Furchen in der Regel gelblich-beige bis hellbraun, heller als die Rippen – ***Ginkgo biloba***
         b. Rippen von der Seite gesehen mit Querstreifen – ***Quercus suber***
         c. Rinde nicht deutlich zweifarbig, Zweige häufig mit Korkleisten – ***Liquidambar styraciflua***
      2. Rippen nicht korkig, Baum ohne Korkleisten
         a. von Hauptrippen zweigen einseitig schräg abwärts laufende, schwächere Rippen ab (erinnert an ein grobes Sägeblatt)
            i. Hauptrippen unregelmäßig wellig, oft mit sehr steilen Rändern – ***Quercus robur***
            ii. Hauptrippen regelmäßig
               1. Hauptrippen laufen meist deutlich schräg um den Stamm, Stamm verzweigt sich in mehrere dicke Äste, Krone oft rundlich – ***Castanea sativa***
               2. Hauptrippen gerade oder nur wenig schräg
                  a. Stamm meist gerade durchgehend, an der Basis oft ein Sockel aus Wurzeln und Erde – ***Liriodendron tulipifera***
                  b. Stamm früh verzweigt – ***Tilia cordata, Tilia platyphyllos***
         b. keine solchen schwächeren Rippen vorhanden – ***Styphnolobium japonicum***

Artenteil

Die Fotos der Baumrinden sind überwiegend bei natürlichem Licht entstanden. Um bestimmte Charakteristika deutlich zu zeigen, haben wir in Einzelfällen jedoch auch mit Blitzlicht gearbeitet. Alle Fotos haben wir bei trockenem Wetter aufgenommen, um die natürlichen Farben der Rinden wiederzugeben. Bei nassen Rinden weichen die Farben häufig deutlich ab, oft werden sie dann wesentlich dunkler oder intensiver. Auch die Struktur nasser Rinden kann sich verändern. So können zum Beispiel Schichten aufquellen und weicher werden.

Sofern Durchmesserangaben bei den Fotos stehen, beziehen sie sich auf den Durchmesser des Stammes oder Astes in dem Abschnitt, in dem das Foto aufgenommen wurde.

Das ganzseitige Foto zu Beginn jedes Artenporträts zeigt einen typischen Rindenausschnitt in Originalgröße.

Abies alba
Weiß-Tanne

Pinaceae (Kieferngewächse)

A

Ø 23 cm

Beschreibung

Der meist 25–50 m, gelegentlich bis über 60 m hohe immergrüne Nadelbaum ist in mittel- und südeuropäischen Gebirgen beheimatet, doch im mitteleuropäischen Forst auch im Tiefland verbreitet. Er bildet einen geraden, durchgehenden Stamm von 0,4–1,2 m, selten sogar 1,5–2 m Dicke und eine sehr gleichmäßig aufgebaute Krone. Diese bleibt lange Zeit schlank kegelförmig (**B**). Im Alter wächst der Gipfeltrieb langsamer, sodass die Krone zu einem „Storchennest" abflacht (**C**). Die Äste entspringen in Scheinquirlen. Am Stamm sitzen die unteren und mittleren Äste fast waagerecht an, die oberen in einem spitzen Winkel. Alte Stämme präsentieren durch starke natürliche Astreinigung weit hinauf astfreie, walzenförmige Stämme, an denen aus schlafenden Knospen stammbürtige Seitentriebe entspringen können.

Rinde der Zweige

Die anfangs grünen jungen Zweige bilden schon im ersten Jahr ein Periderm, sodass sie blass graubraun bis gelbgrau werden. Dieses Periderm kann jedoch noch mehrere Jahre lang von der Epidermis bedeckt sein, die kurze hellbraune, mit der Zeit immer dunkler werdende Haare trägt (**D**). Zweige, bei denen die Epidermis verschwunden ist, besitzen eine glatte Rinde, auf der noch die kreisrunden Blattnarben sichtbar sind (**E**).

Rinde der Äste und Stämme

Junge Stämme sind glänzend blassgrau bis grüngrau gefärbt und zeigen außer den Blattnarben vermehrt Lentizellen, die jedoch anfangs unscheinbar sind (**F**). Das Oberflächenperiderm bleibt bei diesem Baum 40–60 Jahre lang aktiv. Bis zu diesem Alter haben die Stämme deshalb eine anfangs stumpf dunkelgraue, graugrüne, graubraune oder rötlich- bis bläulichweiße, zunehmend heller werdende **Glattrinde** (**G**, **H**). Auf ihrer Oberfläche erheben sich nun zahlreiche pustelartige Lentizellen, die oft etwas in die Breite gedehnt sind und einen Längsspalt aufweisen (**I**, **J**). Je nach Alter, Individuum und Standort wölben sich zudem mehr oder weniger viele, bis um 1 cm große Harzbeulen heraus, die sich bei leichtem Druck elastisch verhalten (**K**). Sie enthalten ein durchsichtiges, zähflüssiges Harz, das bei Verletzung austritt und entweder direkt an der Harzbeule auskristallisiert oder am Stamm herabläuft. Beim Austrocknen wird es weißlich-beige und rissig. Häufig sind auch an dickeren Stämmen immer noch einzelne Nadelnarben sichtbar.

Der Bast kann eine Dicke vom bis zu 14 mm erreichen. Im Alter bildet sich darauf eine bis etwa 15 mm dicke,

H

I

Ø 27 cm

K

Ø 26 cm

J

Ø 23 cm

weißgraue **Schuppen-Steinzellborke** mit deutlichen, unregelmäßigen Querrissen (**Tafelborke**). Lange sind die faserfreien, unregelmäßigen Schuppen noch vom Oberflächenperiderm bedeckt, dadurch ziemlich glatt und mit den inaktiv gewordenen Lentizellen besetzt. Bis zu diesem Stadium wirkt der Stamm immer noch fast weiß und die Weiß-Tanne macht somit ihrem Namen alle Ehre (**A**, **L**). Erst mit zunehmendem Alter blättern die Schuppen

ab und die Borke erhält einen eher grauen Farbton (**M**). Die sich ablösenden Schuppen haben eine Dicke von 3–8 mm, der darunter liegende Borkenteil verbleibt am Stamm. Die Trennungsflächen wirken anfangs gelblich, färben sich an der Luft aber rasch rötlichbraun und werden in Wind und Wetter grau bis grauschwarz (**N**).

Beachtenswert

Der helle Eindruck der Rinde entsteht durch die abgestorbenen äußeren Peridermschichten. Ihre dünnwandigen Korkzellen enthalten Luft und reflektieren das Licht.
Am gleichen Standort beginnen nicht alle Weiß-Tannen zur gleichen Zeit eine Borke zu bilden. Förster bezeichnen Bäume, die noch im hohen Alter eine Glattrinde besitzen, als „Glastannen".

Besonders im Frühjahr und Spätherbst fallen immer wieder Tannenstämme auf, die durch Wachswolle schneeweiß wirken. Sie sind dicht mit Weißtannenstammläusen (*Dreyfusia piceae*) besetzt, die zu diesem Zeitpunkt besonders gut sichtbar

O

sind (O). Die Läuse dringen mit ihrem Stechrüssel in das lebende Phloem der inneren Rinde ein und leben vom Siebröhrensaft. Untersuchungen haben gezeigt, dass die Tanne als Reaktion auf einen mehrjährigen Befall ab Ende des dritten Jahres eine pathologische Borke ausbilden kann. Die toten Rindenschichten werden dicker. Der Stechrüssel der Läuse ist nun nicht mehr lang genug, um durch diese an die Nahrung zu gelangen – der Baum hat ihnen den Saft abgedreht.

Im Gegensatz zu Kiefern besitzen Weiß-Tannen ein harzfreies Holz. Höchstens an verletzten Stellen entstehen in ihm Harzkanäle. Dagegen verlaufen in der Rinde zahlreiche Harzkanäle. Bei dem Harz handelt es sich aus chemischer Sicht um einen Balsam. Er besteht aus nicht flüchtigen Harzkomponenten und flüchtigem Terpentinöl, das verschiedene ätherische Öle, besonders Pinen und Limonen, enthält. Es duftet dadurch frisch, nach Zitrone oder Melisse. Früher stachen besonders die Elsässer die Harzbeulen der Rinde auf und fingen die Flüssigkeit in kleinen Blechkännchen auf. Sie kam als Elsässer oder Straßburger Terpentin (Terebinthina alsatica) in den Handel. Heilkundige verwendeten es als hautreizendes und durchblutungsförderndes Mittel bei Erfrierungen, Verbrennungen, Furunkeln und zur Desinfektion der Haut, aber auch innerlich bei Gallensteinen und Blasenkatarrh. Das heute in Apotheken als Gereinigtes Terpentinöl verkaufte Produkt stammt dagegen aus dem Terpentin von Kiefernarten. Als Salbe kann es rheumatische und neuralgische Beschwerden lindern.

Acer campestre

Feld-Ahorn

Sapindaceae (Seifenbaumgewächse)

Beschreibung

Der heimische, in Wäldern, an Waldrändern und in Feldgehölzen wachsende, sommergrüne Baum wird meist 10–15 m, selten über 20 m hoch. Oft bleibt er auch strauchig oder bildet mehrere Stämme. Der oft krumme und spannrückige, kurze Stamm wird selten mehr als 0,3 m dick, einzelne Exemplare können aber auch einen Durchmesser von 0,70–1 m erreichen. Der Baum bildet eine rundliche, dicht belaubte Krone mit steil aufstrebenden, sparrig verzweigten Ästen und gegenständiger Verzweigung. Bei freiem Stand bleibt der Stamm oft bis nahe dem Boden beastet (**B**). Im Wald dagegen kann er hoch hinaus astfrei sein. Starke Äste wachsen häufig krumm bis geknickt.

Rinde der Zweige

Junge Zweige sind zuerst von einer behaarten Epidermis bedeckt, die sich aber bald ablöst und einem ocker- bis rötlichbraunen glatten Periderm weicht. Nur an der Zweigspitze und an den Knospen bleiben die Haare länger bestehen (**C**). Das Periderm weist zerstreute bis zahlreiche Lentizellen auf, die spindelförmig geformt und längs gestreckt sind. Anfangs sind sie weiß oder hell, später grau. Bald beginnt das Periderm an den Lentizellen unregelmäßig längs aufzureißen. Es entstehen auffällige, langgestreckte, netzartige Strukturen (**D**). Mit

zunehmendem Dickenwachstum bildet sich ein hell graubrauner Kork, der schichtenweise dicker wird, jedoch nicht abblättert. Die Korkbildung kann unterschiedlich stark sein. Der Kork ist sehr dehnbar, dickere Schichten reißen aber mit der Zeit sehr tief auf, sodass **falsche Korkleisten** entstehen. Kaum fingerdicke Langtriebe können schon ab dem zweiten Jahr solche markanten Leisten bilden. Diese sind an den Blattansatzstellen und an ruhenden Knospen eingeschnürt (**E**).

Rinde der Äste und Stämme

An Ästen und Stämmen setzt die Borkenbildung ein. Waren davor bereits Korkleisten vorhanden, weichen diese weiter auseinander (**F**). Sie können noch lange sichtbar sein (**G**). Auch die Borke enthält reichlich Kork und ist deshalb relativ weich und elastisch. Mit der Zeit entsteht eine braungelbliche, graubraune bis schwarzbraune **Schuppen-Faserborke**. Die erhabenen Rippen verlaufen mehr oder weniger gerade oder bilden ein längs gestrecktes, netzartiges Muster (**A, H, I**). Die dazwischen liegenden Risse bilden zum Teil längliche Rhomben und sind meist bräunlich gefärbt. Sehr häufig ist die Borke

auch durch Längs- und Querrisse in kleine, mehr oder weniger eckige Schuppen zerteilt, die etwas abbröckeln können (**J**). Sie wirkt dadurch würfelförmig gefeldert (**K**) und erinnert dann an die Rinde einer Kultur-Birne (*Pyrus communis*). In manchen Fällen können aber auch längere Schuppen schindelartig abspreizen.

Beachtenswert

Nicht alle Exemplare des Feld-Ahorns bilden Korkleisten an ihren Zweigen und auch innerhalb eines Individuums können sie unterschiedlich kräftig entwickelt sein. Besonders häufig treten sie an jungen Pflanzen und Stockausschlägen, sowie frei stehenden oder besonnten Exemplaren auf.

Acer platanoides

Spitz-Ahorn

Sapindaceae (Seifenbaumgewächse)

A

Ø 29 cm

Beschreibung

Der bis 30 m hohe, sommergrüne Baum wächst wild in Wäldern und steht in verschiedenen Sorten häufig an Straßen und in Parks. Er bildet einen meist bis zu 0,5 m, an Standorten mit viel Licht auch bis über 1 m dicken, geraden Stamm. Manchmal zeigt dieser auch Drehwuchs oder gabelt sich schon früh in zwei Stämme (Zwieselbildung). In den ersten 25 Jahren wächst der Baum sehr rasch und hat dann bereits etwa zwei Drittel seiner endgültigen Höhe erreicht. Besonders im Bestand findet eine natürliche Astreinigung statt, sodass dort der Stamm weit hinauf walzenförmig und astfrei sein kann. Bei freiem Stand entwickelt sich der Spitz-Ahorn zu einem prächtigen Zier- und Alleebaum. Er wächst dann eher kurzstämmig und bildet eine unten breite, länglich-eiförmige, im Alter auch fast runde, oben oft kurz zugespitzte, dicht belaubte Krone. Seine Äste sind aufstrebend, die gegenständig angeordneten Zweige wachsen schräg aufrecht bis horizontal (**B**).

Rinde der Zweige

Die Rinde der jungen, gegenständig beblätterten Zweige ist kahl, anfangs auf der dem Licht zugewandten Seite leuchtend rot bis hell rötlichbraun, glänzend (**C**), auf der Schattenseite grünlichrot oder olivgrün (**D**, oben). Später färbt sie sich dunkelbraun und verliert ihren Glanz. Die Peridermbildung beginnt früh im ersten Jahr, die Epidermis reißt aber erst im zweiten Jahr auf und bleibt teilweise noch als graues, totes Häutchen erhalten (**D**, unten). Die Lentizellen sind rundlich, warzig, zunächst eher unauffällig, später auf der Schattenseite deutlich heller als der Zweig. Sie reißen länglich auf.

B

C

D
E
Ø 5 cm
F
Ø 25 cm
G
Ø 54 cm

Rinde der Äste und Stämme

Auch an dickeren Ästen und Stämmen bleibt das Oberflächenperiderm lange erhalten und bildet eine **Glattrinde**. Diese ist blassbraun bis gelbgrau gefärbt. Erst mit zunehmender Dicke entwickelt sich eine feine, dunklere, graue bis graubraune oder schwarzbraune **haftende Schuppenborke**. Die ersten Risse entstehen entlang der großen, in senkrechten Reihen verlaufenden, quer rhombisch geformten Lentizellen (**E**, **F**). Die Längsrisse liegen ziemlich dicht beieinander und zeigen im Zentrum oft eine orangebeige Färbung. Mit der Zeit entstehen verhältnismäßig schmale und flache, etwas korkige aber feste, faserreiche Borkenrippen. Sie weisen feine Querrisse auf, sodass rechteckige Plättchen entstehen, die aber nicht abschuppen (**A**). Die Längsrisse verbreitern sich zu dunkleren, meist als längliche Rhomben ausgebildeten Furchen. Im Alter werden die Rippen höher und bilden langgezogene x-förmige Strukturen (**G**, **H**). Insgesamt ist die Borke feiner gemustert als jene des Feld-Ahorns (*Acer campestre*).

Beachtenswert

An Stellen ehemaliger Äste bildet der Baum oft deutliche Rosetten **(I)**. Besonders bei jungen Bäumen besteht im Winter die Gefahr von Sonnenbrand und Frostrissen in der Rinde sowie von Wildverbiss. Auch Schäl- und Fegeschäden sind häufig.

H Ø 80 cm

I Ø 72 cm

Weitere Arten

Einige fremdländische Ahornarten zeichnen sich durch auffallende, oft die ganze Lebensdauer des Baumes erhalten bleibende **Glattrinden** aus. Sie besitzen besonders im Winter einen hohen Zierwert und stehen deshalb häufig in Gärten und Parks. Die verschiedenen Streifen- oder Schlangenhaut-Ahorne zeigen lange weiße oder blasse Linien und oft auffallende, rhombische Lentizellen.

(J) **Rostnerviger Schlangenhaut-Ahorn (*Acer rufinerve*)**

(K) **Davids Schlangenhaut-Ahorn (*Acer davidii*)**

(L) **Roter Schlangenhaut-Ahorn (*Acer capillipes*)**

(M) **Amerikanischer Streifen-Ahorn, Amerikanischer Schlangenhaut-Ahorn (*Acer pensylvanicum*)**

(N) **Japanischer Schlangenhaut-Ahorn (*Acer conspicuum*)**

(O) Auch der **Zimt-Ahorn (*Acer griseum*)** hat anfangs eine Glattrinde. Ihre Farbe erinnert an Zimt. Bereits an noch ziemlich dünnen Ästen beginnen sich aber ihre oberen Korkschichten abzurollen (Ringelkork). Sie bleiben meistens noch längere Zeit am Baum haften, sodass dieser wirkt, als seien Streifen aus Glanzpapier an ihm befestigt.

J

K

L
Ø 8 cm

M
Ø 3 cm

N

O

Acer pseudoplatanus

Berg-Ahorn

Sapindaceae (Seifenbaumgewächse)

Beschreibung

Der sommergrüne Baum wächst besonders in mitteleuropäischen Gebirgen, steht aber auch in großen Parks und an Straßen. Er kann bis zu 30 m hoch werden. Sein Stamm ist gerade und kann bis zu 12 m hinauf astlos sein. Nach 120–140 Jahren hat er einen Durchmesser von rund 0,6 m erreicht. Alte Exemplare können bis zu 2 m dick sein. Bei freiem Stand bildet der Baum eine runde bis längliche, dichte und regelmäßige Krone mit aufstrebenden Ästen und gegenständiger Verzweigung (**B**).

B

Rinde der Zweige

Schon im ersten Jahr entsteht ein Periderm, über dem sich die Epidermis bald ablöst. Die Rinde an den Zweigen ist grau, graubraun oder oliv und kahl (**C**). Sie wirkt matt glänzend und weist mehr oder weniger zahlreiche rundliche bis länglich-warzige Lentizellen auf, die heller als der Zweig sind.

Rinde der Äste und Stämme

Äste und Stämme besitzen noch lange eine graue bis dunkelgraubraune, matte **Glattrinde** (**D**, **E**). Bei weiterer Dickenzunahme reißt das Oberflächenperiderm stellenweise längs auf (**F**). Es bilden sich breite, flache, mehr oder weniger rechteckige, 1–5 mm dicke Borkenschuppen, die sich an den Rändern abheben (**G**). Mit der Zeit entsteht eine **abblätternde Schuppenborke**, die an alten Bäumen eine Dicke von 2,5 cm erreichen kann. Wenn sich die

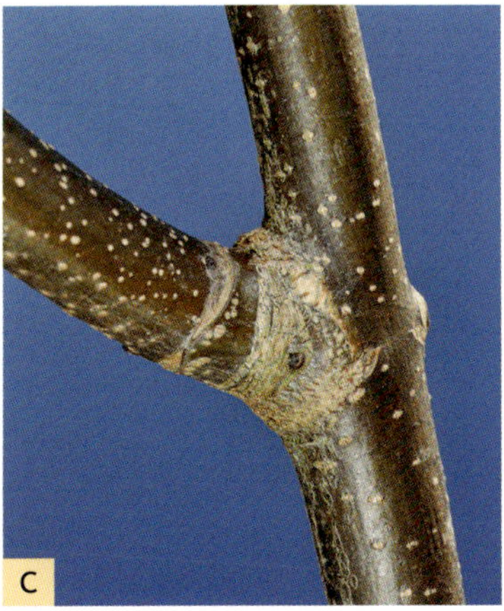
C

D

Borkenschuppen lösen, legen sie helle, oft beige bis rötlichbraune Rindenpartien frei (**A**). Diese weisen manchmal kleine, erhabene Noppen auf. Bei alten Bäumen, die mehrmals Schuppen abgestoßen haben, erinnern die betroffenen Partien oft an die Rinde von Platanen (**H**, **I**) – der wissenschaftliche Artname „*pseudoplatanus*" bezieht sich sowohl hierauf als auch auf die ähnlichen Blattformen. Die ältesten Schuppen sind am dunkelsten gefärbt. Die zu verschiedenen Zeiten abgeschuppten Partien zeigen ein Farbenspiel von hellgelblich über gelb bis grünlichgrau, rötlichbraun und braun. Sie tragen in geschwungenen Linien verlaufene Leisten, die die Ränder abgefallener Borkenplatten markieren und oft konzentrische Muster bilden. An großflächig oder mehrmals abgeblätterten Rindenbereichen erinnern sie an Höhenlinien auf Landkarten (**J**, **K**). An alten Bäumen wirkt die Rinde oft sehr hell, weshalb die Art auch Weiß-Ahorn heißt (**L**).

H Ø 72 cm

Beachtenswert

Die Borke älterer Bäume bietet den Stämmen im Gebirge einen guten Schutz gegen Steinschlag, Rutschungen und häufige Spätfröste. Außerdem überwallt die Rinde selbst große Stammwunden sehr gut. Beides bringt dem Berg-Ahorn an entsprechenden Standorten einen Vorteil gegenüber der der Rot-Buche (*Fagus sylvatica*). Junge, freistehende Bäume dagegen sind mit ihrer dünnen, dunklen Rinde nicht nur mechanisch wenig geschützt. Ihre Rinde kann sich in der Sonne auf bis 50 °C erhitzen. Als Folge davon kommt es besonders auf der südwestlichen Stammseite häufig zu Frostrissen oder Sonnenbrand.

Vor allem in höheren Lagen oder in Gebieten mit ausreichend Feuchtigkeit entwickelt sich oft ein dichter Teppich aus Moosen und Flechten auf der Borke (**M**). Mit ihren tiefen Rissen und Spalten speichert diese viel Feuchtigkeit. Allerdings ist die Borke mäßig sauer und damit weniger für Flechten geeignet als basenreiche Borken. Die abblätternden Schuppen sorgen außerdem dafür, dass sich nur wenige langsam wachsende Flechtenarten entwickeln können. Umso üppiger gedeihen

I Ø 62 cm

J Ø 45 cm

raschwüchsige Arten. Hierzu gehören auch solche, die besonders empfindlich auf Luftverschmutzung reagieren, wie Bartflechten oder die Lungenflechte (*Lobaria pulmonaria*) (**N**). Siedeln sie auf der Borke, ist dies ein Bioindikator für hohe Luftreinheit.

Acer saccharinum

Silber-Ahorn

Sapindaceae (Seifenbaumgewächse)

A

Ø 30 cm

Beschreibung

Der aus Nordamerika stammende, sommergrüne Laubbaum wurde im 18. Jahrhundert nach Europa eingeführt. Hier wächst er heute häufig in Parks, Gärten und auf Grünflächen sowie an Straßen und auf Plätzen. Er kann eine Höhe von bis zu 30 m erreichen. Der Stamm wird 0,6 m bis über 1 m dick und trägt häufig Wasserreiser und Maserknollen. Oft entstehen schon nahe der Basis mehrere Stämme. Am Ansatz der hoch gewölbten, lockeren und lichten Krone gehen meistens einige starke, weit ausladende Äste ab, die gegenständig verzweigt sind. Die äußeren Zweige hängen über (**B**).

Rinde der Zweige

Die Rinde der jungen Zweige ist auf der Schattenseite olivgrün bis ockerbraun, auf der Lichtseite rotbraun gefärbt, kahl und glänzend (**C**, oben). An etwas älteren Zweigen wird sie graubraun bis braun und schimmert stellenweise durch die sich ablösende Epidermis silbergrau (**C**, unten). Das Periderm zeigt mehr oder weniger zahlreiche buckelige, längliche oder runde Lentizellen. Anfangs sind sie hell, gelblich und fallen stark auf. An alten Zweigen färben sie sich braun bis schwarz und heben sich dann farblich kaum noch vom Untergrund ab.

Rinde der Äste und Stämme

Auch die Äste und Stämme sind lange von einer grauen **Glattrinde** bedeckt, die an die einer Rot-Buche (*Fagus sylvatica*) erinnert (**D**). Später entwickeln sich Längsrisse, die zumindest anfangs rötlichgrau bis beige gefärbt sind (**A**). Langsam

D Ø 20 cm

E Ø 16 cm

F Ø 29 cm

G Ø 30 cm

entsteht eine silbergraue bis mittelgraue, dünne **Schuppenborke**. Die grauen, relativ starren Längsplatten oder Leisten bilden flache Rippen. In manchen Fällen weichen diese netzartig auseinander, sodass ein weitmaschiges Netz mit breiten, rötlichen Furchen entsteht (**E**, **F**). Häufig bleiben die Furchen jedoch schmal (**A**, **G**). Die Enden der Platten können sich mit der Zeit etwas vom Stamm abbiegen (**H**). Sie wirken dann oft schindelartig. Selbst wenn sie sowohl unten wie auch oben abstehen, bleiben sie meist am Stamm haften. Nur selten blättern sie als derbe, lange, flache Schuppen ab (**I**). Häufiger lösen sich sehr feine Plättchen von ihrer Oberfläche oder von schmäleren Leisten.

Beachtenswert

Die dünne Rinde schützt den Baum nicht besonders gut vor Überhitzung. Besonders an sonnigen Straßen gepflanzte, hochstämmige Bäume zeigen deshalb häufig Frostrisse (siehe S. 30).
Der aus dem Stamm des Baumes gezapfte Blutungssaft enthält Zucker (besonders Saccharose und Fruktose), worauf der wissenschaftliche Name Bezug nimmt (lat. *saccharum* = Zucker). Die Ausbeute ist jedoch viel geringer als beim Zucker-Ahorn (*Acer saccharum*). Um den Blutungssaft zu gewinnen, muss durch die Rinde bis in die äußeren Holzbereiche gebohrt werden. Bei dem süßen Saft handelt sich nicht um Phloemflüssigkeit aus der inneren Rinde, sondern um die im zeitigen Frühjahr im Holz (Xylem) aufsteigende Flüssigkeit. Normalerweise enthält diese in erster Linie anorganische Mineralstoffe. Im Frühjahr transportiert sie jedoch auch über den Winter gespeicherte Kohlenhydrate in Form von Zucker für die austreibenden Knospen.

H Ø 36 cm

I Ø 69 cm

Aesculus hippocastanum

Gewöhnliche Rosskastanie

Sapindaceae (Seifenbaumgewächse)

Beschreibung

Der sommergrüne Laubbaum stammt aus Südosteuropa und wächst in Mitteleuropa besonders in Parks und Alleen sowie als Schattenspender in Biergärten. Er erreicht eine Höhe von 15–20 m, selten auch bis zu 25 m. Dabei bildet er einen kräftigen, geraden, weit hinauf reichenden oder ziemlich kurzen Stamm, der einen Durchmesser bis zu 1 m, gelegentlich bis 1,5 m erreichen kann. Oft zeigt dieser einen Rechtsdrehwuchs oder Maserknollen (**K**). Die breit eiförmige, dichte, oft unsymmetrische Krone besitzt kräftige Äste und tief herabhängende Zweige (**B**).

Rinde der Zweige

Das erste Periderm entsteht bereits im ersten Jahr an den ziemlich dicken Zweigen. Die Epidermis löst sich früh ab. Im ersten Jahr sind die Zweige ocker- bis graubraun, oliv oder grau, matt glänzend (**C**, rechter Zweig), später gelblichbraun oder rötlichbraun (**C**, linker Zweig). Im Bereich der Knoten können sie schwach kurz behaart sein, sonst sind sie kahl. Die Lentizellen sind hellocker, warzig, anfangs eher rundlich, später spindelförmig längs orientiert.

B

C

Rinde der Äste und Stämme

Auch an Ästen und Stämmen bleibt das Oberflächenperiderm viele Jahre erhalten. In diesem Zeitraum bildet sich eine **Glattrinde**, die hellgrau oder braungrau gefärbt und matt oder glänzend ist (**D**, **E**). Sie weist viele, zuerst rötliche, später gräuliche Lentizellen auf. Häufig sind sie zu lockeren Querreihen angeordnet oder

wirken lang waagerecht gestreckt (**E**). Bei den meisten Exemplaren bildet sich erst spät eine dunkelbraune bis graubraune **abblätternde Schuppenborke**. Die ersten Risse in der Glattrinde verlaufen häufig bogig, oft scheinbar um einen zentralen Punkt und erinnern dann an Sprünge auf einer Eisfläche nach einem Steinwurf (**A**, **E**, **F**, **G**). Auch langgezogene, unregelmäßige Bänder mit waagerecht fein gerissenen Schuppen sind möglich (**H**). Die Innenseite frisch abgelöster Schuppen ist meist gelblich gefärbt, die unter den Schuppen freigelegten Bereiche rötlichbraun (**G**, **H**). Die Korkkambien der Folgeperiderme sind jeweils 2–7 Jahre aktiv. Mit der Zeit lösen sich deshalb weitere Schuppenlagen (**I**). An alten, dicken Bäumen besitzt die Borke mehr oder weniger deutliche Längsfurchen und

Rippen mit mehrere Millimeter dicken, unregelmäßig abspringenden Schuppen oder großen Platten, von denen sich ungleiche, feine Längsschuppen lösen (J, K).

Beachtenswert

Die Rinde enthält die Cumaringlykoside Aesculin und Fraxin. Unter UV-Licht zeigen diese eine blaue beziehungsweise blaugrüne Fluoreszenz. Kurz nach dem 1. Weltkrieg (1914–1918) erkannte der Chemiker Paul Krais (1866–1939), dass Lösungen mit aesculinhaltigen Rosskastanienextrakten eine Vergilbung von Wolle und Flachs überdecken – der erste optische Aufheller war entdeckt. Heute arbeitet die Waschmittelindustrie nicht mehr mit Aesculin, sondern es gibt speziell für diesen Zweck entwickelte Chemikalien.

Aesculinhaltige Rindenauszüge können jedoch in traditionellen Arzneimitteln gegen Schweregefühl in den Beinen durch leichte Durchblutungsstörungen enthalten sein. Viel häufiger werden diese aber mit Samenextrakten der Rosskastanie hergestellt, die das Saponingemisch Aescin enthalten. Dieses kommt in der Rinde nur in Spuren vor. Die Volksheilkunde verwendet die Rinde darüber hinaus gegen Durchfall und äußerlich bei Hämorrhoiden und Hauterkrankungen. Früher galt sie auch als Fiebermittel und als Ersatz von Chinarinde bei der Behandlung von Malaria. In der Kosmetikindustrie spielt das Aesculin eine Rolle für die Produktion von Sonnenschutzcreme und -öl. Bakteriologen verwenden es bei der Bestimmung verschiedener Bakterienarten, besonders aus der Gruppe der Enterokokken. Diese spalten das Aesculin, das dabei gebildete Aesculetin verbindet sich mit Eisenionen zu einem schwarzen Komplex.

Ailanthus altissima

Drüsiger Götterbaum

Simaroubaceae (Bittereschengewächse)

Beschreibung

Der bis zu 25 m hohe Baum aus China und Nordkorea steht in Mitteleuropa in Gärten, Parks und an Straßen. Er ist sehr raschwüchsig und anspruchslos und vermehrt sich leicht über Samen. Da er sich rasch ausbreitet, gehört er zu den invasiven Neophyten. Der Stamm ist gerade, aber meist ziemlich kurz und kann bis zu 1 m dick werden. Manchmal bildet der Baum auch mehrere Stämme. Meist entwickeln sich am Kronenansatz mehrere kräftige, ansteigende, geschwungene Äste, die eine breit ausladende Krone bilden (**B**).

Rinde der Zweige

Anfangs sind die schon im ersten Jahr 1–2 cm dicken Zweige frischgrün. Sie sind von einer so fein samtig behaarten Epidermis bedeckt, dass sie oft wie bereift wirken und sich ziemlich glatt anfühlen. Bereits auf solchen grünen Zweigen sind helle Punkte zu erkennen, die sich zu Lentizellen entwickeln (**C**). Schon im ersten Winter sind die Zweige ausschließlich von Periderm bedeckt. An ein- bis mehrjährigen Trieben ist die Rinde olivbraun bis braun, manchmal bereift, besonders um die markanten Blattnarben herum oft auch rötlich, matt glänzend, mit vielen kleinen hellen, rundlichen bis rautenförmigen Lentizellen (**D**). Mit zunehmendem Dickenwachstum reißt die Oberfläche, besonders ausgehend von den Lentizellen, auf und es entwickelt sich ein feines, längsrissiges Muster (**E**).

B

C

Rinde der Äste und Stämme

Das Oberflächenperiderm bleibt auch beim Dickenwachstum erhalten, sodass eine korkige Rinde entsteht. Zuerst ist diese auf den Ästen und Stämmen fast glatt, nur fein längs rissig, längs gestreift oder leicht runzelig, beigebraun, graubraun oder grau. Mit der Zeit entstehen weißliche, sich farblich stark abhebende, aber ziemlich fein und flach bleibende Längsrisse. Zumindest in manchen Bereichen des Stammes sind diese anfangs sehr typisch von einer dünnen, hautartigen Schicht überlagert, bei der das Oberflächenperiderm mit einem rhombisch-länglichen Muster aufgerissen ist (**A**). Mit der Zeit kann sich dieses Muster mehr und mehr verlieren (**F**). Bei dickeren Bäumen leuchten nur noch wenige der

Längsrisse hell (**G**, **H**). Im Alter wird die korkige Rinde dunkler, oft fast schwärzlich (**H**). Häufig werden dabei die hellen Streifen unauffälliger. Die Rinde bleibt aber wenige Millimeter dünn und schilfert kaum ab.

Beachtenswert

Die Rinde enthält intensiv bitter schmeckende Quassinoide. Der Baum wehrt damit Fressfeinde und Insekten ab. Auszüge aus der Rinde hemmen oder unterdrücken auch das Wachstum und die Entwicklung anderer Pflanzen (Allelopathie). Derzeit erforschen Mediziner einige Quassinoide, ob sie sich für Arzneimittel gegen Malaria, Krebs und HIV eignen. Die Kosmetik verwendet „Ailanthus altissima bark extract“ als hautpflegenden Zusatzstoff in verschiedenen Zubereitungen.

Alnus glutinosa

Schwarz-Erle

Betulaceae (Birkengewächse)

Beschreibung

Der heimische, sommergrüne Laubbaum wächst von der Ebene bis in mittlere Berglagen an Ufern, in Auen, sowie in nassen Sümpfen. Er wächst rasch und kann eine Höhe von 10–25 m, gelegentlich bis über 30 m erreichen. Dabei bildet er eine schlank bis breit kegelförmige oder rundliche Krone. Sein Stamm geht meist gerade bis zum Wipfel durch (**B**). Er kann bis über 1 m dick werden. Mehrstämmige Exemplare besitzen häufig krumme Stämme. Das Gehölz kann reichlich Stockausschläge entwickeln, bildet jedoch keine Wurzelbrut.

B

Rinde der Zweige

Die jungen grünen Triebe sind im Frühjahr von einem klebrigen Überzug bedeckt, der sich später verliert. Der Artname *glutinosa* (lat. = klebrig) bezieht sich auf diese klebrige Substanz. Die Rinde der Zweige ist im ersten Jahr auf der dem Licht zugewandten Seite zimtbraun bis rötlich, sonst braungrün, unbehaart oder an der Spitze etwas behaart (**C**). Bereits im ersten Jahr beginnt die Bildung des Periderms. Ab dem zweiten Jahr wirkt die Rinde grau. Die Epidermis wird rissig, schilfert aber meist erst ab dem dritten Jahr ab (**D**). An der Schattenseite bleibt sie besonders lange erhalten. Die Lentizellen sind rund, buckelig, zuerst gelblich, später grauweiß.

Rinde der Äste und Stämme

Bis zu einem Alter von 15 oder 20 Jahren können die Stämme vom Oberflächenperiderm bedeckt sein. Die dadurch entstehende **Glattrinde** ist bis 5 mm dick, fast

nicht runzelig, beige-, grünlich- oder rotbraun oder grüngrau, glänzend. Sie zeigt viele helle, waagerecht gestreckte Lentizellen (**E**, **I**). Je nach Exemplar und Standort bilden sich früher oder später zuerst unregelmäßig verlaufende Längsrisse (**F**). Dann entsteht eine bräunliche Borke, die mit zunehmendem Alter immer tiefer rissig wird. Die **Schuppen-Steinzellborke** älterer Bäume ist braunschwarz, bricht schollig mit unregelmäßigen braunen bis schwarzen Längs- sowie Querrissen auf und bröckelt in kleinen eckigen Plättchen ab (**Tafelborke**, **A**, **G**). Die Borkenschuppen sind zum Teil sehr dick und können acht und mehr Jahresringe umfassen. Das Innere der Rinde ist rötlichbraun gefärbt (**H**).

Beachtenswert

Schwarz-Erlen ertragen es als Pionierbäume nasser Standorte viel besser als andere Bäume, wenn ihr Wurzelwerk lange Zeit überflutet ist. Das Durchlüftungsgewebe der Wurzeln steht mit den Lentizellen des Stammes in Verbindung. Diese sind deshalb besonders an der Stammbasis sehr zahlreich. Bei häufigem und anhaltendem Hochwasser entwickelt der Baum Adventivwurzeln am Stamm (**I**). Auf den ersten Blick scheint die dünne, eher dunkle Rinde den oft frei stehenden Baum nur unzureichend vor Überhitzung des Kambiums zu schützen. Der Baum hat jedoch eine andere Strategie zur Kühlung entwickelt: Er transportiert die nach innen gelangende Wärme mittels dem ihm reichlich zur Verfügung stehenden Wasser ab. Zudem entwickelt sich an stark besonnten Standorten die Borke meist früher und stärker als im Schatten.

E
Ø 7 cm

F
Ø 20 cm

G
Ø 14 cm

H
Ø 24 cm

Verwandte Art

Die besonders häufig auf Kies- und Schotterbänken von Bergflüssen wachsende **Grau-Erle** (*Alnus incana*) bildet oft mehrere Stämme, die meistens etwas krumm und oft drehwüchsig oder spannrückig sind. Sie werden gewöhnlich maximal 30–50 cm dick. Die Rinde der Äste und Stämme ist zuerst hellgrau bis silbergrau, später dunkelgrau. Auf diese Farbe bezieht sich der Artname des Baumes. Das Oberflächenperiderm bleibt als **Glattrinde** meist über die ganze Lebensdauer des Baumes erhalten. Es ist bis auf die pusteligen, oft in lockeren Querreihen stehenden Lentizellen mehr oder weniger glatt und reißt kaum auf (J). Wenn Risse auftreten, verlaufen diese längs und wirken gewöhnlich heller als die Oberfläche. Eine Borke entsteht, wenn überhaupt, erst sehr spät und beschränkt sich auf nur schwach abblätternde Schuppen.

Betula pendula

Hänge-Birke, Sand-Birke, Warzen-Birke

Betulaceae (Birkengewächse)

A

Ø 28 cm

Beschreibung

Der in fast ganz Europa heimische, sommergrüne Laubbaum wird bis zu 30 m hoch. Als Pionierbaum wächst er sehr rasch, unterliegt aber bald der Konkurrenz anderer Baumarten. Nur auf Heiden und Ödflächen behauptet er sich dauerhaft. Er bildet eine lockere, schlanke, kegelförmige Krone und stark überhängende, dünne Zweige, die oft fast mähnenartig wirken. Der Stamm erreicht eine Dicke von 0,6 m, selten bis zu 0,9 m. Anfangs geht er bis zur Spitze durch (**B**). Ältere Bäume zeigen meist mehrere spitzwinkelig oder steil aufrecht wachsende, starke Äste (**C**).

Rinde der Zweige

Die Rinde der dünnen Zweige ist kahl, graubraun bis rötlichbraun, auf der Schattenseite oft auch grünlich, glänzend. Besonders bei jungen Bäumen sind die jungen Zweige im ersten Jahr typischerweise mit vielen bis 0,5 mm großen Harzdrüsen besetzt, deren in der Wachstumsphase austretende Sekrettröpfchen klebrig sind. Später trocknen sie als weiße Körnchen an und verleihen den Zweigen ein warziges Erscheinungsbild. Das getrocknete Sekret verschwindet langsam, wenn es der Witterung ausgesetzt ist. Mit der Bildung des ersten Periderms und dem Abheben der Epidermis verlieren die Drüsen ihre Funktion. Sie können jedoch je nach Individuum und Witterung auch im zweiten Jahr noch deutlich sichtbar und von Körnchen bedeckt sein (**D**). Neben den Harzdrüsen tragen die Zweige nun auch Lentizellen. Sie werden rhythmisch mit verkorkten Zwischenschichten

D

E

F

G
Ø 3 cm

versehen. In der winterlichen Ruhephase sind sie verschlossen und wirken dann weißlich und fest (**E**). In diesem Zustand können sie auf den ersten Blick mit Harzdrüsen verwechselt werden.

Rinde der Äste und Stämme

Dünnere Äste und Stämme besitzen eine glatte, anfangs noch rötlichbraune Oberfläche mit quer gestellten, helleren Lentizellen (**F**). Mit zunehmender Dicke des Periderms wird die Rinde heller, besonders anfangs schimmert sie oft rötlichweiß und spiegelt das Licht (**Spiegelrinde**, **G**), später strahlt sie weiß. Äste und Stämme bleiben lange von diesem weißen Periderm bedeckt. Das Oberflächenperiderm kann 20–40, jedes im Ring angelegte Innenperiderm bis zu 20 Jahre funktionsfähig bleiben.

H Ø 15 cm

I Ø 15 cm

Jedes Periderm bildet abwechselnd feine Lagen aus dünn- und dickwandigen Korkzellen, sodass sich die Schichten mehr oder weniger großflächig in dünnen, papierartigen Streifen abschälen oder abringeln können (**Ringelkork**, **H**). Die Oberfläche jeder neuen, unter der abgerollten Schicht erscheinenden Lage ist schneeweiß, glatt und glänzend (**I**). Die auf ihnen erhalten bleibenden Lentizellen treten als langgezogene, horizontale, etwa 1 mm breite, helle oder dunklere leicht erhabene Wülste in Erscheinung. Mit zunehmendem Stammumfang werden die Lentizellen mehr gedehnt und damit länger. An den Ansatzstellen der Äste entstehen deutliche Chinesenbärte.

Erst im höheren Alter des Baumes entwickelt sich eine harte, tief zerklüftete **Schuppen-Steinzellborke**. Ihre Entwicklung setzt an der Stammbasis und den unteren Abschnitten des Stammes ein (**J**). Während bei der Borkenbildung üblicherweise bereits bestehende Rindenteile abgetrennt werden, bildet die Birke große Mengen zusätzlicher Zellen, die dann die schwarzen Borkenpartien ausmachen. Dies führt dazu, dass borkige Stammbereiche sehr viel dicker sein können, als jene mit Periderm (**K**). Außer an der Stammbasis entsteht die Schuppen-Steinzellborke gewöhnlich nicht rund um den Stamm, sondern nur in einzelnen Zonen. So werden die glatten weißen Rindenbereiche mit der Zeit von dunklen, sehr rauen, anfangs typisch rhombischen Flecken unterbrochen (**A**, **L**). Später schließen die wulstigen Borkenbereiche weiße Rindenbereiche ein oder heben diese etwas ab. Die Borkenschuppen wirken meistens fast schwarz. Sie haften fest am Stamm, brechen aber schollig auf, sodass zwischen unregelmäßigen Rippen mit der Zeit tiefe Risse entstehen. Manchmal wird diese Borke auch treffend als **„Brikettborke"** bezeichnet (**K**).

M

Beachtenswert

Wissenschaftler gehen davon aus, dass das Sekret der Harzdrüsen an den jungen Trieben Säugetiere, Vögel und Insekten davon abhalten soll, an diesen zu fressen. Sobald die Bäume eine gewisse Größe erreicht haben, sind die zarten Triebe zumindest außer der Reichweite von bodenlebenden Säugetieren – die Zweige größerer Bäume tragen wohl deshalb in der Regel viel weniger Harzdrüsen.

Reibt man mit dem Finger über die weiße Rinde, bleibt ein feines weißes Pulver an der Haut hängen (**M**). Es handelt sich hierbei um das weiße Pigment Betulin, ein Triterpen. Die Reflexion der Sonnenstrahlen an der weißen Rinde verhindert, dass sich die Rinde des oft frei stehenden Baumes zu stark erwärmt. Betulin hemmt aber auch Schimmelpilze und Bakterien und verhindert damit, dass

die Rinde verfault oder verschimmelt. Behälter aus Birkenrinde eigen sich deshalb zum Aufbewahren von Lebensmitteln.
Birkenrinde ist ein begehrter Rohstoff, der sehr vielfältig genutzt werden kann. Da das Betulin die Rinde witterungsbeständig macht, decken Skandinavier Häuser damit. Das Volk der Samen in Skandinavien stellte Umhänge und Schuhe aus „Birkenleder" her. Biologisch orientierte Firmen haben dies wieder entdeckt, sodass es heute auch bei uns Taschen, Hüte und andere Accessoires aus „Birkenleder" zu kaufen gibt. Die Rinde diente früher und in Notzeiten auch als Papier (**N**, Feldpost aus dem 1. Weltkrieg aus Birkenrinde).
Betulin wird seit einigen Jahren in Cremes und Lotionen zur medizinischen Basispflege von trockener Haut, etwa bei Neurodermitis oder Schuppenflechte, verwendet. Es ist auch in einem Arzneimittel für die Wundbehandlung von Erwachsenen enthalten. Birkenrinde enthält reichlich Holzzucker (Xylose), aus dem sich das natürliche Süßungsmittel Xylit gewinnen lässt. Durch trockene Destillation erhält man aus der Rinde von Moor- und Hänge-Birke Birkenteer und Birkenpech. Schon die Menschen der Steinzeit nutzten das schwarze, zähe Birkenpech als Klebstoff, zum Beispiel um Holzstiele mit Steinkeilen zu verbinden oder Gefäße zu reparieren. Kanus, Holzfässer und Holzschiffe lassen sich damit abdichten. Birkenteer dient noch heute als Holzschutzmittel und kann in Salben, Cremes oder Seifen Hautkrankheiten wie Schuppenflechte oder Neurodermitis lindern. Aus dem Teer kann auch Birkenteeröl gewonnen werden. Dies ist als „Russisch-Leder-Öl" bekannt, welches Leder konserviert. Außerdem dient es als Ausgangsstoff für Parfüms.

N

Betula pubescens
Moor-Birke

Betulaceae (Birkengewächse)

A

Ø 26 cm

Beschreibung

Der heimische Baum wächst im Bestand bis zu 30 m hoch und bildet dabei einen meist geraden und bis in Höhen von 10 m astfreien Stamm. Auf nassen Böden in Mooren stehende Exemplare bleiben kleiner, krummstämmig und wirken meist knorrig. Oft treten dort auch mehrstämmige oder durch wiederholten Stockausschlag strauchartige Exemplare auf. Die Äste stehen horizontal oder in einem stumpfen Winkel aufwärts. Die Zweige hängen im Gegensatz zur Hänge-Birke nicht (**B**).

Rinde der Zweige

Die Rinde der jungen Zweige ist anfangs grün, später braun, an der Spitze dicht mit braunen oder gelblichen, flaumigen Haaren besetzt, stellenweise kahl (**C**). Die an der Hänge-Birke (*Betula pendula*) vorkommenden Harzdrüsen fehlen oder treten nur sehr vereinzelt auf. Schon im ersten Jahr beginnt die Bildung eines Periderms und die Epidermis reißt auf. Die wenigen Lentizellen sind hell, beige bis grau, rund oder etwas queroval.

Rinde der Äste und Stämme

Das erste Korkkambium und damit das Oberflächenperiderm bleiben mehrere Jahrzehnte lang aktiv. Junge Stämme schimmern anfangs oft gelblichbraun bis rötlichbraun oder schwarzbraun. In den Folgejahren wird die Rinde aufgrund der zunehmenden Korkbildung heller. Das Periderm rollt sich wie bei der Hänge-Birke

B

C

in dünnen Streifen ab (**Ringelkork**). Frisch freigelegte Schichten können dann an jungen Stämmen bräunlich oder rostrot leuchten (**D**). In diesem Stadium sind die Lentizellen meist heller als das Periderm, aber bereits deutlich quer gedehnt und leicht erhaben. Bei weiterem Dickenwachstum der Stämme wird die Rinde grauweiß bis cremeweiß oder gelblichweiß, unter frisch abgerollten Schichten oft leuchtend weiß (**E**). Besonders im Bereich der Chinesenbärte, die sich an den Ansatzstellen der Äste bilden, kann sie auch noch die Farbe jüngerer Stämme zeigen. Auf dem hellen Untergrund bilden die Lentizellen zunehmend länger und dunkler werdende Querstreifen (**A**). Wenn die hellen Korkschichten vollständig abgelöst werden, erscheint darunter die rötlichbraune Innenrinde (**F**, hier durch Biberfraß). Nur im Alter entwickelt sich am Stammfuß eine rissige, schwärzliche Borke (**G**). Im Unterschied zur Hänge-Birke entstehen oberhalb des Stammfußes viel weniger und viel kleinere borkige Bereiche, die nicht rautenförmig sind. Oft bilden sich nur im Bereich der Lentizellen kurze Längsrisse sowie kleine borkige Zonen im Bereich der Chinesenbärte (**H**).

Beachtenswert

Die weiße Rinde reflektiert die Sonnenstrahlen und damit auch die Wärme. Dies schützt den häufig an sonnigen Standorten stehenden Pionierbaum vor Frostrissen (vgl. S. 31). Forscher haben nachgemessen, wie effizient dieser Wärmeschutz ist: Im Winter tauen schwarz angemalte Birken in der Sonne auf, während die weißen Nachbarbäume im Stamm noch Temperaturen unter -10° C aufwiesen. Besonders an ausgesetzten Standorten sollte der Baum also der Sonne eine blendend

F

G
Ø 28 cm

H
Ø 18 cm

I

Ø 8 cm

helle Rinde entgegenhalten. Mit den abrollenden Rindenschichten entledigt sich der Baum deshalb sowohl von Staub, wie auch von Algen und Flechten, die Fuß gefasst haben (I).

Weitere Arten

Verschiedene Birkenarten stehen dank ihrer attraktiven Rinden als beliebte Zierbäume in Parks und Gärten. Außer den beiden heimischen Arten wachsen hier häufig auch fremdländische Birken.

Betula papyrifera Papier-Birke

(J) Das Periderm dieser häufig an Stelle der heimischen Arten als weiße Birke gepflanzten, meist mehrstämmigen, nordamerikanischen Art ähnelt etwas jenem der Moor-Birke. Es ist anfangs weiß bis rosa oder leicht orangefarben. An dickeren Stämmen wirkt es blendend weiß bis cremeweiß. Seine äußeren Lagen rollen auffälliger und in breiteren Streifen ab als die der Moor-Birke. Die darunter liegende Schicht wirkt häufig orangebraun. Nur alte Bäume entwickeln besonders an der Basis Zonen mit einer grauen Borke, doch diese ist nie so dick und auffällig wie bei der Hänge-Birke. Mit der Rinde dieser Art haben die Indianer ihre Wigwams bedeckt und Kanus hergestellt. Sie ritzten außerdem wichtige Ereignisse und spirituelle Symbole in Rollen aus Birkenrinde.

J

K

Ø 18 cm

Betula utilis var. *jacquemontii* Weiße Himalaya-Birke

(K) Diese Birke bildet trichterförmig ansteigende Äste. Sie besitzt die weißeste Rinde aller Birken. Nur unter abgerollten Lagen erscheint sie rahmweiß bis rosa.

Betula ermanii Ermans Birke

(L) Diese japanische Art bildet eine gelblichweiße, gelblichgraue oder rötlichgelbe Rinde, deren Lagen sich früh in breiten Streifen abrollen.

Betula albosinensis Kupfer-Birke

(M) Das Periderm dieser chinesischen Art ist jung mahagonifarben, später weißlichrosa bis rotorange, meist bereift. Es rollt in breiten, innen meist hellbraunen bis mahagonifarbenen Streifen ab.

Betula lenta Gewöhnliche Zucker-Birke

(N) Bei dieser im Osten Kanadas und der USA heimischen Art rollt das Periderm im Gegensatz zu anderen Birken nur an jungen Bäumen schwach ab. Es ist schwärzlichgrau und wird bei dickeren Bäumen rissig. Die Rinde duftet beim Anritzen aromatisch und schmeckt süßlich. Sie enthält ein ätherisches Öl mit Salicylsäuremethylester. Es wird in der Alternativmedizin für Badezusätze gegen rheumatische Beschwerden verwendet. Außerdem aromatisiert es Lebensmittel und Parfüms.

Betula nigra Schwarz-Birke

(O) Anfangs besitzt diese nordamerikanische Art ein lachsfarbenes bis braungraues Periderm. Mit der Zeit rollt dieses in vielen dünnen Lagen papierartig ab, wobei sich die Schichten nicht vollständig ablösen. So entsteht eine wilde Oberfläche aus abstehenden und unregelmäßig verdrehten Schuppen, die an im Feuer angekohlte und aufgeblähte Papierstapel erinnern. Sie weisen eine graubraune, dunkelgraue oder dunkelrotbraune Grundfarbe auf. Ältere Stämme zeigen dicke, unregelmäßige Schuppen, die sich an den Rändern aufbiegen und abblättern. Besonders an der Basis können diese Schuppen sehr dick werden und von tiefen Furchen voneinander getrennt sein.

Carpinus betulus
Gewöhnliche Hainbuche

Betulaceae (Birkengewächse)

Beschreibung

Der heimische, sommergrüne Laubbaum wächst wild an Waldrändern, in Auenwäldern und Eichen-Hainbuchenwäldern. Die Hainbuche ist schnittfest und wird sehr häufig für Gartenhecken und als Straßen- oder Parkgehölz verwendet. Im Unterwuchs der Wälder wird sie oft nur 5–10 m, sonst 20–25 m hoch. Einzelbäume können eine Höhe von bis zu 35 m und einen Stammdurchmesser von über 1 m erreichen. Der Stamm ist häufig krumm und weist einen unregelmäßigen Querschnitt auf (**B**). Diese Spannrückigkeit ist meist besonders im unteren Stammbereich stark ausgeprägt, kann sich aber weit hinauf ziehen (**C** und S. 26). Die zahlreichen, bei jungen Bäumen senkrecht orientierten Äste biegen sich mit zunehmendem Alter in die Waagerechte. So besitzen frei stehende alte Hainbuchen einen kurzen Stamm und eine breit-ovale, mächtige, dichte Krone. Im Bestand dagegen können die Stämme bis über 10 m hinauf astlos sein.

Rinde der Zweige

Die Zweige sind anfangs fein behaart, verkahlen aber rasch. Auf der Lichtseite sind sie glänzend braun bis violettbraun, auf der Schattenseite grau oder olivgrün. Die Peridermbildung setzt im ersten Jahr ein. Die zahlreichen Lentizellen sind klein, elliptisch und hell (**D**). An älteren Zweigen werden sie zunehmend dunkler, oft schwarzbraun und fallen nun weniger auf. Die Epidermis löst sich, bleibt aber als gräuliche, hautartige Schicht meist noch eine Zeitlang auf den Zweigen haften (**E**).

D

E

F
Ø 24 cm

G
Ø 43 cm

Rinde der Äste und Stämme

Das Oberflächenperiderm bleibt oft über das ganze Leben des Baumes aktiv. Dadurch entsteht eine bis 6 mm dicke, graue **Glattrinde**. In dem Maße wie das Korkkambium neue Korkzellen bildet, verliert die Rinde ganz unauffällig ihre äußersten Korkzellen als feinen Staub. Die Oberfläche der Rinde zeigt auf dem unebenen Untergrund anfangs in der Regel ein typisches, rhombisch-längliches, silbergraues Netzmuster (**F**, **G**). Zwischen den etwas erhabenen hellgrauen Maschen liegen vertiefte Felder, die dunkler grau gefärbt sind. Diese sind häufig von längs verlaufenden schmalen, hellbraunen Streifen durchzogen (**H**). Mit zunehmendem Dickenwachstum wird das Muster immer unregelmäßiger und die Streifen können leicht aufreißen (**A**). Manchmal ist die Rinde aber auch einheitlich weißlichgrau. Bei alten Stämmen bilden sich vermehrt Risse und es kann zu einer schwachen Borkenbildung kommen (**I**).

H Ø 25 cm

I Ø 39 cm

Castanea sativa

Edel-Kastanie, Ess-Kastanie

Fagaceae (Buchengewächse)

Beschreibung

Der sommergrüne Baum stammt ursprünglich aus Südeuropa, wächst aber heute auch in wärmeren Regionen Mitteleuropas als Wald-, Obst- oder Zierbaum. Er kann 20–25 m, selten bis zu 35 m hoch werden. Sein gedrungener Stamm erreicht meist eine Dicke von 1–2 m, sehr alte Bäume können sogar über 4 m dick werden. Der Stamm wächst gerade, verzweigt sich oft schon in geringer Höhe, bildet aber nur wenige starke Äste. Bei typischem Wuchs entsteht eine breite, weit ausladende, rundliche Krone mit zahlreichen gabelförmigen Verzweigungen (**B**).

Rinde der Zweige

Bei jungen Zweigen ist die Rinde anfangs bereift und an der Spitze dicht mit kurzen Haaren besetzt. Später wird sie kahl und glänzend, olivgrün bis hell rötlich braun. Stellen, an denen sich die absterbende Epidermis abhebt, wirken grau überzogen (**C**). Die Zweige besitzen oft etwas heller gefärbte ockerbraune Leisten. Besonders auffallend sind jedoch die zahlreichen, anfangs ockerfarben, später weißlichen Lentizellen. Sie sind anfangs punktförmig, rundlich, an dickeren Zweigen verlaufen sie quer und werden pustelartig.

E
Ø 16 cm

F
Ø 19 cm

G
Ø 45 cm

H
Ø 80 cm

Rinde der Äste und Stämme

Auch Äste und Stämme sind anfangs noch von einer silbergrauen oder graugrünen **Glattrinde** bedeckt, auf der rundliche oder schwach quer gestreckte, helle Lentizellen vorhanden sind (**D**). Mit zunehmendem Dickenwachstum des Stammes oder Astes wird die Rinde graubraun und reißt längs auf (**E**). Zu den Längsrissen kommen bald feinere Querrisse (**F**, **A**). Üblicherweise beginnt die Bildung der **haftenden Schuppenborke** an 10–20-jährigen Stämmen. Sie weist tiefe Längsfurchen und breite Rippen auf (**G**, **H**). Diese Borke kann mehrere Zentimeter dick werden. Die Rippen bilden häufig ein in Längsrichtung gezogenes, grobes Netz, wobei eine Rippenrichtung stärker ausgeprägt ist (**I**). Nachdem der Baum häufig drehwüchsig ist, verlaufen die Rippen – bei einem Rippennetz die Hauptrippen – meist spiralig linksdrehend um den Stamm (**H**). Nur bei etwa 1 % der drehwüchsigen Esskastanien verläuft die Spirale rechtsdrehend (**G**). Die Schuppen haften recht fest aufeinander, doch können von den Rippen mit der Zeit Platten abbröckeln. So wird die Rippenoberfläche zunehmend unregelmäßig (**J**).

I Ø 97 cm

J Ø 80 cm

Cedrus atlantica

Atlas-Zeder

Pinacaea (Kieferngewächse)

A

Ø 49 cm

Beschreibung

Der immergrüne Nadelbaum aus dem Nordafrikanischen Atlasgebirge steht häufig in Parks und Gärten. Es gibt verschieden Sorten, im Gartenbau besonders beliebt ist die Blaue Atlas-Zeder (*Cedrus atlantica* 'Glauca'). Der Baum wird bis zu 35 m hoch und bildet einen geraden, bis zur Spitze durchgehenden Stamm, der bis zu 2 m dick werden kann. Die Krone ist anfangs breit kegelförmig mit unregelmäßig spitzwinkelig abgehenden Ästen (**B**). Später wird der Baum breiter und flacht oben ab. Wenige der Äste werden dabei dick und ausladend, sodass ein lockerer, durchsichtiger Kronenaufbau entsteht. Die Zweige hängen nun mehr oder weniger über (**C**).

Rinde der Zweige

Die Rinde der jungen Zweige ist gelblichgrau bis graubraun und anfangs fein flaumig behaart. Die Nadelkissen sind nach dem Abfallen der Nadeln an den Langtrieben noch lange deutlich zu erkennen. Sie stehen am oberen Ende etwas ab und laufen am Zweig herab (**D**). Beim weiteren Wachstum reißen die äußeren Zellschichten mit feinen Längsrissen auf (**E**). Dickere Zweige sind von einem bräunlichen bis bräunlichgrauen Periderm bedeckt.

Rinde der Äste und Stämme

An dickeren Ästen und jungen Stämmen ist das Oberflächenperiderm hellgrau gefärbt. Es ist bis auf die quer gestellten Lentizellen glatt und oft etwas glänzend. Sehr bald wird es unregelmäßig rissig, zunehmend braungrau und verliert seinen

B

C

D

E

F
Ø 16 cm

G
Ø 16 cm

Glanz (**F**). Es entwickelt sich eine hellgraue, graubraune oder schwarzgraue, gefelderte, **abblätternde Schuppenborke**. Oft blättert in einem ersten Schritt das Oberflächenperiderm in rechteckigen oder unregelmäßigen Schuppen ab (**G**). Dann entstehen zunehmend Längsfurchen. Sie verlaufen unregelmäßig und erscheinen anfangs blass rötlichbraun (**H**, **I**). Die länglichen Schuppen der flachen, oft in unregelmäßigen Wellen verlaufenden Rippen sind häufig durch schmale, feine Querrisse in kleine Felder zerteilt, die einzeln abblättern können (**A**, **J**). Die Ansatzstellen von früher abgestorbenen Ästen sind auch an dickeren Stämmen noch als deutliche, fast konzentrische Ringe auf der Rinde zu erkennen (**K**).

Beachtenswert

Im Holz verlaufen Harzgänge, aus denen bei Verletzung das Harz nach außen dringt und dann oft scheinbar aus der Rinde kommt. Zedernharz und das Holz duften sehr angenehm würzig-harzig. Die dafür verantwortlichen ätherischen Öle halten Bakterien, Pilze und Schadinsekten fern. Bei dem als „Cedrus atlantica bark extract" bezeichneten Inhaltsstoff von Kosmetika handelt es sich um dieses ätherische Öl. Es findet sich in Deodorants, Seifen, und anderen Produkten. Die Hersteller gewinnen es in der Regel durch Wasserdampfdestillation von Holzschnitzeln und Sägemehl, die zum Beispiel in der Möbelschreinerei anfallen. Auch wenn die Bezeichnung es anders erwarten lässt, dient die Rinde des Baumes kaum als Ausgangsmaterial.

J Ø 49 cm

K Ø 51 cm

Chamaecyparis lawsoniana

Lawsons Scheinzypresse

Cupressaceae (Zypressengewächse)

Beschreibung

Der immergrüne Baum kann in seiner Heimat im Westen der USA bis zu 50 m hoch werden und dabei einen Stammdurchmesser von bis zu 3 m erreichen. In Europa bleibt er mit bis zu 30 m Höhe kleiner. Er steht hier häufig in verschiedenen Sorten in Parks, Gärten und auf Friedhöfen. Er bildet einen oder mehrere durchgehende Stämme. Junge Bäume entwickeln eine dichte, säulenförmige, regelmäßige Krone. Bei älteren Bäumen wird diese mehr kegel- oder pyramidenförmig. Die Äste stehen aufrecht oder waagerecht ab, ihre Spitzen hängen meist über (**B**). Die von Schuppenblättern besetzten Endzweige sind flach in einer Ebene angeordnet und wirken dadurch fächer- oder breit federartig.

Rinde der Zweige

Die Rinde dünner Zweige ist gewöhnlich unter den grünen oder braunen, gegenständigen Schuppenblättern verborgen. Mit zunehmender Dicke der Zweige kommt dazwischen eine etwas glänzende, grau- bis grünbraunen Rinde zu Tage. Spätestens im dritten Jahr fallen die braunen Blätter ab (**C**).

Rinde der Äste und Stämme

Die Rinde der Äste und Stämme ist anfangs von einer **Glattrinde** bedeckt (**D**, rechter Stamm). Sie macht bei zunehmendem Dickenwachstum sehr bald einer ziemlich dünnen, rotbraunen **Schuppenborke** Platz, die anfangs in schwach muldenförmigen Platten abblättert (**E**). Bald entstehen Längsstreifen, die mehr oder

B

C

Ø 7 cm

D

Ø 13 | 7 cm

E

Ø 7 cm

F

Ø 69 cm

weniger quer aufreißen und sich seitlich oder vom unteren Ende her abheben (**D**, linker Stamm). Mit zunehmendem Dickenwachstum der Äste und Stämme wird die Borke faserig und bildet breite, abgerundete Längsrippen (**A**, **F**). Die Oberfläche kann rehbraun bis rotbraun bleiben, wird jedoch meist – besonders an besonnten Standorten – zunehmend grau (**G**). Frisch freigelegte Rindenbereiche bleiben weiterhin rotbraun. Die sich ablösenden, auch von Hand abziehbaren, breiten Streifen oder Platten werden mit zunehmendem Alter länger, dicker und steifer. Sie fasern oberflächlich ab. An Bäumen, die unter 100 Jahre alt sind, erreicht die Borke nur eine Dicke von 1–2 cm. In ihrer Heimat kann sie an alten Bäumen 10–20 cm, gelegentlich sogar bis zu 25 cm dick werden.

Beachtenswert

Zerriebene Zweige und angekratzte Rinde duften frisch, würzig-aromatisch und etwas fruchtig. Das dafür verantwortliche ätherische Öl enthält Sabinen, Thujen, Pinen und andere Terpene. Es reizt Haut und Schleimhäute. Innerlich aufgenommen führen alle Teile des Gehölzes zu Vergiftungserscheinungen wie Übelkeit, Erbrechen, Durchfall, Krämpfen und Nieren- und Leberschäden.

Ähnliche Art

Die anderen bei uns kultivierten Scheinzypressen-Arten lassen sich alleine anhand des Aussehens der Rinde kaum von dieser Art unterscheiden.
Die aus Japan stammende **Hinoki-Scheinzypresse** (***Chamaecyparis obtusa***) enthält im ätherischen Öl neben anderen Bestandteilen relativ viel Limonen und duftet deshalb beim Zerreiben etwas nach Zitrone.
Japaner ernten ihre Borke als das wichtigste Dachmaterial für ihre hölzernen kulturellen Gebäude. Solche Dächer müssen etwa alle 35 Jahre neu gedeckt werden. Das als „Hiwada" bezeichnete Material wird dazu in Abständen von etwa 10 Jahren von lebenden, dicken, über 70 Jahre alten Bäumen geschält. Um die etwa 700 Gebäude in Japan, die als nationales Kulturgut gelten, instand zu halten, sind jährlich rund 3.500 Quadratmeter „Hiwada" erforderlich. Um diese Menge zu gewährleisten, müssen etwa 350.000 Erntebäume im entsprechenden Alter zur Verfügung stehen. Zählt man weitere, nicht als Kulturgut geltende Gebäude hinzu, steigt der Bedarf noch weiter. In den letzten Jahrzehnten haben es jedoch viele Waldbesitzer abgelehnt, die Rinde ernten zu lassen. Sie haben befürchtet, dass der Holzzuwachs und die Holzqualität der Bäume darunter leiden. Neue Untersuchungen zeigen aber, dass dies nicht der Fall ist. Die Bäume erleiden durch diese Prozedur keinen Schaden, da nur tote Borke abgeschält wird. Der gewöhnliche Schälvorgang regt auch nicht die Bildung zusätzlicher, traumatischer Harzkanäle an, die bei dieser Baumart häufig vorkommen. Diese lassen sich vielmehr auf mechanische, tiefer gehende Schäden und Baumkrankheiten zurückführen.

Cornus mas

Kornelkirsche

Cornaceae (Hartriegelgewächse)

Beschreibung

Das langsam wachsende Laubgehölz wächst wild in sonnigen Gebüschen und lichten Wäldern Mittel- und Südeuropas. Häufig steht es als Zier- und Bienengehölz in Parks und Gärten. Es entwickelt sich als breit eiförmiger bis runder Strauch oder bis zu 8 m hoher, oft mehrstämmiger Baum mit breiter, rundlicher Krone (**B**). Die Äste und gegenständig angeordneten Zweige wachsen dicht und meist nicht gerade, sondern mehrmals knickartig gewinkelt. Hierdurch entsteht ein etwas unordentlicher, aber malerischer Eindruck. Bei baumförmigen Exemplaren kann der Stamm eine Dicke von 0,15–0,2 m, gelegentlich sogar bis zu 0,45 m erreichen. An der Basis kann das Gehölz reichlich Wassertriebe und Wurzelbrut entwickeln.

Rinde der Zweige

An den jungen, auffällig dünnen, anfangs mehr oder weniger kantigen Zweigen ist die Rinde auf der Schattenseite moosgrün oder grünlich, auf der dem Licht zugewandten Seite mehr oder weniger violett überlaufen, aber nicht bereift. Die Epidermis trägt feine, helle, meist anliegende Haare (**C**). Das Wachstum des Periderms beginnt bereits im ersten Jahr. Die Epidermis bleibt jedoch intakt. Sie reißt erst an älteren Zweigabschnitten auf und hebt sich ab. Die Oberfläche erscheint dadurch grau. Die beigen, rundlichen Lentizellen sind zu diesem Zeitpunkt noch klein und unscheinbar (**D**). Mit zunehmender Dicke reißt auch das Periderm in Längsrichtung und beginnt sich abzulösen. Die Lentizellen sind nun auffälliger, rundlich bis queroval und besitzen oft einen hellen Rand (**E**).

Rinde der Äste und Stämme

Bei weiterer Dickenzunahme schreitet die Borkenbildung fort. Jedes Tiefenperiderm ist dabei im Allgemeinen je nur 1 Jahr aktiv. An den Ästen und Stämmen entsteht eine graue, grau-, gelb- oder rotbraune, raue, **abblätternde Schuppenborke**.

D
E
Ø 2 cm
F
Ø 6 cm
G
Ø 27 cm

Die rissigen Schuppen sind relativ klein und dünn. Sie verbiegen und krümmen sich und blättern leicht ab (**A**). Die Innenseite der Schuppen ist hellbraun bis rötlichbraun gefärbt (**F**). Die oft ziemlich großen frei gelegten Rindenbereiche sind glatt und können hellbraun, rötlichbraun oder rotviolett schimmern (**G**).

Beachtenswert

Wissenschaftler vermuten, dass die Kohlenhydrate, die durch Fotosynthese in grünen Rinden gebildet werden, für Gehölze, die wie die Kornelkirsche im frühen Frühling vor dem Laubaustrieb blühen, dann eine wichtige zusätzliche Energiequelle sein können (**H**). Zu diesem Zeitpunkt sind viele Energiereserven fast aufgebraucht, die das Gehölz im Herbst während des Laubfalls gespeichert hat. Die Rinde enthält ebenso wie die Blätter geringe Mengen des Iridoids Cornin (Verbenalin), das schwach giftig ist. Hildegard von Bingen (1098–1179) verordnete ein Bad aus Rinde, Holz und Blättern des Gehölzes gegen Gicht.

H

Corylus colurna
Baum-Hasel

Betulaceae (Birkengewächse)

Beschreibung

Der bis über 20 m hohe, sommergrüne Baum aus Südosteuropa ist in Mitteleuropa als Straßen- und Parkbaum beliebt. Sein gerader Stamm erreicht bei einer Höhe von 15–20 m einen Durchmesser von 0,5–0,6 m, wird er noch höher, kann er sogar über 1 m dick werden. Er ist sehr regelmäßig mit abstehenden bis aufstrebenden Ästen besetzt, sodass eine anfangs schlank, später breit kegelige, symmetrische Krone entsteht (**B**). Im Alter besitzt der Baum bei freiem Stand breit ausladende, dicke Äste (**C**) und eine oben abgerundete Krone.

Rinde der Zweige

Die Rinde der jungen Zweige ist hell ockerfarben bis grauocker, grünlichbraun oder zimtbraun gefärbt (**D**). An den Zweigspitzen ist sie anfangs schwach bis dicht wollig, teils auch drüsig behaart (Seitenzweige in **E**). Das Periderm entwickelt sich früh. Anfangs zeigen sich sehr kleine, helle, etwas erhabene Lentizellen auf der glatten Rinde. Bald entsteht reichlich hellbeiger bis ockergrauer, schwammiger Kork, sodass er, beginnend an den Lentizellen, sehr bald längs aufreißt. Die Oberfläche der Zweige wird nun sehr uneben. Es bildet sich ein typisches, mehr oder weniger ausgeprägtes, unregelmäßiges Netz aus falschen Korkleisten (**E**, **F**).

Rinde der Äste und Stämme

Mit zunehmender Dicke entsteht eine korkige und raue, ockergraue, graubraune oder graue **Schuppenborke**, die bei vergleichbarer Stammdicke unterschiedlich

B

C

D

E
Ø 2 cm

ausgeprägt sein kann. Sie kann relativ dünn und längsrissig sein. Es kann aber auch eine mäßig dicke Borke entstehen, bei der die Längsrisse von flachen Querbändern unterbrochen werden (**G**). Bei dickeren Borken erweitern sich die Querbänder zu Querrissen, sodass die Borke in längliche Schuppen oder Streifen gefeldert ist, die sich zum Teil ablösen (**H**). Oft haften mehrere Schuppenlagen aufeinander oder die Schuppen selbst weisen unregelmäßige Risse auf (**A**). Solche Borken können bis über 2 cm dick werden. Die Ränder der Schuppen stehen mehr oder weniger, oft schindelartig ab und verleihen dem Stamm dann einen besonders rauen, oft fast struppigen Eindruck (**I**).

Beachtenswert

Dieser Baum passt seine Borkenbildung stark an die jeweiligen Standortbedingungen an. An ausreichend feuchten Standorten bildet er eine dünne Borke. Steht er ausgesprochen trocken, wie dies oft an Straßen in Orten und Städten der Fall

F
Ø 4 cm

G

ist, reagiert er mit der Bildung einer dicken Borke. In der prallen Sonne stehen die Schuppen dann an den unteren Enden oft schindelartig vom Stamm ab und beschatten damit Teile des Stammes (J).

Verwandte Art

Die **Gewöhnliche Hasel** (***Corylus avellana***) wächst meist als Großstrauch, gelegentlich bildet sie jedoch auch kleinere Bäume. Ihr Oberflächenperiderm bleibt sehr lange funktionsfähig, sodass das Gehölz auch noch an dickeren Stämmen eine glatte oder nur wenig längs gerissene Rinde mit quer gestellten Lentizellen besitzt (K). Die Rinde enthält das Triperpen Betulin, das besonders aus Birkenrinde bekannt ist (siehe S. 108). Früher legten Heilkundige mit einem Rindenaufguss getränkte Tücher auf Unterschenkelgeschwüre.

Crataegus monogyna
Eingriffeliger Weißdorn

Rosaceae (Rosengewächse)

A

Ø 16 cm

Beschreibung

Das heimische, sommergrüne Laubgehölz wächst als 2–10 m hoher Strauch oder kleiner Baum in Feldgehölzen, an Waldrändern, in warmen Laubwäldern oder auch einzeln auf Magerrasen kalkreicher Böden. Es besitzt dicht und sparrig wachsende Äste, die eine undurchdringliche Krone aufbauen (**B**). Baumförmige Exemplare können einen bis über 0,3 m dicken, meist stark spannrückigen Stamm ausbilden (**G**).

B

Rinde der Zweige

Die Peridermbildung setzt in der ersten Vegetationsperiode ein. Die Rinde der Zweige ist ockerbraun bis hellgrau. Die rundlichen Lentizellen können heller und etwas erhaben sein. Oft weisen sie jedoch dieselbe Farbe wie die Zweige auf und fallen dann kaum auf. Die Zweige tragen kräftige, 1–2 cm lange Sprossdornen. Meistens sind zusätzlich kurze Seitenzweige mit Blättern, Blattnarben oder Kurztrieben vorhanden, die in einen Dorn auslaufen (**C**).

C

Rinde der Äste und Stämme

An Ästen und jungen Stämmen kann das Oberflächenperiderm 12–15 Jahre aktiv bleiben. Es bildet eine ziemlich glatte, grünliche, bräunliche oder graue, meist glänzende Glattrinde (**D**). Erst dann beginnt die Bildung einer **abblätternden Schuppenborke**. Zuerst reißt die mittlerweile meist dunkelbraune bis dunkelgraue Rinde mit schmalen, oft rotbräunlichen Längsrissen auf (**E**). Die Leisten reißen mehr oder weniger stark quer auf. So entstehen längliche bis streifige, unregelmäßige Schuppen, die sich an den Enden mehr oder weniger stark vom Untergrund abheben und abblättern können (**A**, **F**, **G**).

Verwandte Art

Der ebenfalls heimische, an ähnlichen Standorten wachsende **Zweigriffelige Weißdorn (*Crataegus laevigata*)** lässt sich alleine anhand der Stammrinde nicht vom Eingriffeligen Weißdorn unterscheiden. Er besitzt ebenfalls Sprossdornen, bei ihm sind sie jedoch oft weniger zahlreich. Außerdem fehlen meist die in einen Dorn auslaufenden Seitenzweige. Beim **Echten Rotdorn (*Crataegus laevigata***

'Paul's Scarlett') handelt es sich um eine meist als Hochstamm gezogene Kultursorte des Zweigriffeligen Weißdorns. Er steht häufig an Straßen und in Alleen. Gärtner vermehren diese Sorte durch Pfropfen oder Okulieren. Als Unterlage verwenden sie häufig einen Eingriffeligen Weißdorn.

D Ø 4 cm

E Ø 9 cm

F Ø 7 cm

G Ø 18 cm

Cydonia oblonga

Echte Quitte

Rosaceae (Rosengewächse)

B

Beschreibung

Das ursprünglich aus West- und Zentralasien stammende, sommergrüne Laubgehölz wächst in verschiedenen Sorten in Gärten. Es bildet einen 5–8 m hohen, kurz- und oft krummstämmigen Baum oder einen Strauch. Der Stamm kann bei alten Exemplaren eine Dicke von bis zu 0,5 m erreichen. Die sparrigen Äste und dornlosen Zweige bilden eine ausladende, rundliche, dichte Krone (**B**).

Rinde der Zweige

Bei jungen Zweigen ist die Rinde purpurrot oder grünlichbraun gefärbt, wirkt aber durch einen dichten Haarfilz der Epidermis gräulichgrün oder bräunlichgrün. Die Zweige verkahlen unregelmäßig, tragen aber oft zumindest um die Knospen und in den Winkeln der Verzweigungen noch lockere Filzreste (**C**). Kahle Zweige sind glatt und glänzend, bräunlich violett bis schwarzbraun oder grünlich grau. Die kleinen Lentizellen sind warzig, gelblich und rund. Bei weiterem Dickenwachstum bilden sich feine Längsrisse, die Epidermis reißt netzartig auf. Die Triebe bekommen dort einen metallischen Glanz und die Lentizellen verbreitern sich. Bei weiterer Entwicklung des Periderms wird die Zweigrinde hellgrau bis graubraun und die Lentizellen bilden deutlich erhabene Pusteln (**D**).

Rinde der Äste und Stämme

Äste und junge Stämme sind anfangs von einer grünlichgrauen **Glattrinde** bedeckt. Sie zeigt zahlreiche ockerfarbene, rotbraune oder gräuliche, etwas erhabene querovale Lentizellen, zwischen denen sie mit feinen orangen bis

rehbraunen Längsstreifen aufreißt (**E**). Bei weiterer Dickenzunahme entwickelt sich eine **abblätternde Schuppenborke**. Das Oberflächenperiderm löst sich dabei in dünnen, unregelmäßigen Schuppen vom Stamm und legt ebene Flächen frei, die gräulich, graubraun, ockerfarben oder rötlich bis rotbraun gefärbt sein können (**A**, **F**). Sowohl die Schuppen als auch die freigelegten Flächen zeigen weiterhin feine orange, bräunliche oder hellere Längsstreifen, deren Ränder erhaben sind (**G**). Die Tiefenperiderme werden ähnlich wie bei der Gewöhnlichen Platane (*Platanus* × *hispanica*) in großen, konkaven Schuppen angelegt. Die abgetrennten Borkenbereiche blättern jeweils in dünnen, unterschiedlich großen Stücken und Platten ab. Mit der Zeit entsteht ein landkartenähnliches Muster mit unterschiedlich dunklen, grauen, grünlichen,

F Ø 13 cm

G Ø 13 cm

H Ø 40 cm

I

rötlichen oder violettbraunen Partien (**A**, **H**).

Beachtenswert

Der Stamm weist oft Drehwuchs auf und ist fast immer mehr oder weniger spannrückig oder hohlkehlig (**H**). Häufig wirkt er dadurch, als ob mehrere dünnere Stämme miteinander verwachsen sind oder als ob Äste an ihm längs angewachsen sind. Viele Quitten wachsen gepfropft auf einer Unterlage, damit sie einen höheren Stamm haben. Früher verwendeten Gärtner dafür meistens Weißdorn (*Crataegus*, **I**), heute oft spezielle Quittensorten.

Fagus sylvatica

Rot-Buche

Betulaceae (Buchengewächse)

Beschreibung

Der sehr häufige, sommergrüne Waldbaum Mitteleuropas wird bis zu 25 m hoch und bis 1,5 m, gelegentlich sogar bis über 2 m dick. Bei freiem Stand bleibt er bis fast zum Boden beastet und bildet eine rundliche bis eiförmige, gewölbte Krone (Weidebuche, **B**). Im Bestand dagegen entwickelt er einen langen, säulenartigen geraden Stamm, der bis zu 25 m hinauf astfrei bleiben kann und eine schmale, hoch angesetzte Krone (**C**). In Gärten und Parks gedeihen verschiedene Sorten, unter anderem auch Hängeformen oder solche mit säulenförmigem Wuchs.

Rinde der Zweige

Die Rinde junger Zweige ist auf der dem Licht zugewandten Seite oft rotbraun, auf der Schattenseite olivbraun gefärbt. Anfangs trägt sie eine mehr oder weniger ausgeprägte Behaarung (**D**). Diese verliert sich bald, sodass die Zweige matt glänzen (**E**). Das Periderm entsteht sehr früh unter der behaarten Epidermis, die sich bei zunehmender Zweigdicke als helle Häutchen abhebt (**F**). Die Lentizellen sind anfangs strichförmig, dann rundlich und warzig, später dehnen sie sich quer aus. An älteren Zweigen ist die Rinde graubraun bis weißgrau.

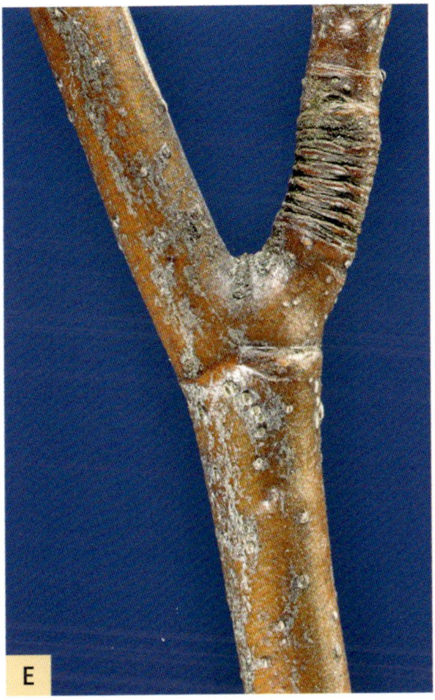
E

F

Rinde der Äste und Stämme

Das Oberflächenperiderm kann über 200 Jahre lang erhalten bleiben und aktiv sein und eine **Glattrinde** bilden. Anfangs ist ihre Oberfläche bleigrau bis graubraun und etwas glänzend (**Spiegelrinde, G**). Später wirkt die Rinde grau bis silbergrau und matt und ist höchstens ein wenig aufgeraut. Sie ist häufig etwas gewellt (**A**). Von der Oberfläche lösen sich alte Korkzellen als feiner hellgrauer Staub. An den Astnarben sind deutliche Chinesenbärte zu erkennen (**H**). Mit der Zeit kann die Glattrinde bis zu 15 mm dick werden (**I**). Abgelöste Rindenstücke zeigen auf der Innenseite ein regelmäßiges Muster von so genannten Rindenkämmen (**J**). Bei diesen erhabenen Zapfen handelt es sich um radial verlaufende, breite

G

Ø 6 cm

Baststrahlen, die sich bei dieser Art durch verdickte Zellwände stark verfestigen. Die Rinde wird dadurch hart und brüchig. Nur alte Bäume entwickeln zum Teil im unteren Bereich eine dünne, etwas längsrissige Borke, die in kleinen Schuppen abblättert (**K**). Rot-Buchen, die auch in höheren Stammbereichen reichlich Borke bilden, werden als „Steinbuchen" bezeichnet und von manchen Wissenschaftlern als eigene Varietät *Fagus sylvatica* var. *quercoides* eingestuft (**L**).

Beachtenswert

Die nicht reflektierende Glattrinde der Rot-Buche kann sich in der Sonne fast ungehindert bis in die empfindliche Kambiumzone erhitzen. Normalerweise steht diese Baumart jedoch in geschlossenen Wäldern, in denen diese Gefahr nicht besteht (**M**). Erst wenn Holzarbeiter solche Wälder lichten oder ihre Ränder freistellen, kann es zu bleibenden Schäden des Kambiums – zum Rindenbrand – kommen (**N**). Für gefährdete Rot-Buchen oder Exemplare am Waldrand kann es von Vorteil sein, wenn Gewöhnlicher Efeu (*Hedera helix*) an ihnen emporklimmt (**O**). Diese Kletterpflanze kann Temperaturextreme sehr gut ausgleichen und damit Rindenschäden verhindern. An Hausfassaden

K
Ø 92 cm

L
Ø 46 cm

M

haben Forscher festgestellt, dass die Temperaturen mit Efeubewuchs im Sommer um weniger als 15 °C schwanken, an blanken Hausfassaden dagegen um bis zu 35 °C und Maximalwerte von bis zu 60 °C erreichen.
Da Rot-Buchen kaum Borke bilden, sind sie gegen Krankheiten der Rinde deutlich anfälliger als andere Baumarten. Besonders Rindenpilze spielen eine bedeutende Rolle. Auf der Rinde finden auch verschiedene basophile Flechten- und Moosarten einen Lebensraum. Da die Oberfläche besonders langlebig ist, können sich ausgedehnte Lager von langsam wachsenden Krustenflechten entwickeln, durch die der Stamm oft gefleckt wirkt (**P**).
Ab einem Alter von etwa 120 Jahren neigt die Rot-Buche zu Drehwuchs. Auf der glatten, dünnen Rinde bleiben Holzeigenschaften wie Dreh- und Wimmerwuchs sowie Astnarben und Verletzungen aller Art lange sichtbar (**Q** und S. 12). Im Holzhandel dienen sie als wichtige Merkmale, um die Qualität der Stämme von außen einzuschätzen. Die erbsen- bis faustgroßen Rindenknollen dagegen haben kaum einen Einfluss auf den Holzkörper (**R**).
Obwohl Buchenrinde nur 3–4 % Gerbstoffe enthält – im Vergleich zu anderen heimischen Bäumen recht wenig – verwendeten Gerber sie früher zum Gerben. Die Volksheilkunde nutzte sie gegen Darmparasiten, Durchfall, Rheuma und Hautkrankheiten. Noch im Mittelalter stellten Bauern aus Buchenrinde Gefäße und Körbe her.

Ähnliche Art

Der **Europäische Zürgelbaum** (*Celtis australis*), der als trocken- und hitzeresistenter Baum aus Südeuropa und Nordafrika zunehmend auch in wärmeren Gegenden Mitteleuropas als Park- und Straßenbaum zu finden ist, hat eine sehr ähnliche Stammrinde (**S**): Sie besitzt jedoch deutliche, rundliche Lentizellen und feine Längsrisse. Sowohl junge als auch alte Bäume zeigen typische Querlinien auf der Rinde.

Frangula alnus
Rhamnus frangula
Gewöhnlicher Faulbaum

Rhamnaceae (Kreuzdorngewächse)

B

D

C

Beschreibung

Das in Europa an feuchten Standorten weit verbreitete Gehölz wächst als mehrstämmiger, unregelmäßig verzweigter Strauch oder seltener als kleiner, bis 8 m hoher, unregelmäßig geformter, oft schief stehender Baum (**B**, **C**). Sehr häufig treten Stammdurchmesser von etwa 5 cm auf, selten erreichen sie über Armstärke. Baumförmige Exemplare können einen Stammdurchmesser von etwa 15 cm aufweisen.

Rinde der Zweige

Die jungen Zweige tragen an der Spitze kurze, dicht stehende, filzige Haare. Diese lockern bald auf (**D**, rechter Zweig). Spärlich behaarte Zweigbereiche sind anfangs matt braunrot bis braunschwarz, auf der Schattenseite olivbraun. Die Lentizellen sind anfangs nur als kleine helle Punkte sichtbar, bald werden sie auffälliger, rund oder strichförmig, längs gestellt. Mit zunehmender Dicke der Zweige stirbt die Epidermis ab und reißt fein längs auf. Unter der nun matt grauen, abgestorbenen Epidermis sind die Zweige glänzend und schimmern dunkel rot- bis violettbraun (**D**, linker Zweig). Oft wirken sie schwach bereift, lassen sich aber glänzend polieren. Bei dickeren Zweigen wirkt die Rinde auf allen Seiten matt grau und die Lentizellen erscheinen rundlich, warzig und hell (**E**).

Rinde der Äste und Stämme

Das Oberflächenperiderm bleibt lange erhalten und bildet eine **Glattrinde**. Ihre Außenseite ist bläulich grau, graubraun oder braunrot, ziemlich glatt, aber mit auffallenden, grauweißen Lentizellen besetzt (**F**). Diese sind anfangs rundlich, werden aber zunehmend quer gedehnt. Mit der Zeit reißen sie längs auf und können sich zu kurzen Ketten verbinden (**A**, **G**). Die Innenseite abgelöster Rindenstücke ist gelb. Insgesamt kann die Rinde eine Dicke von bis zu 4 mm erreichen. Nur an dickeren Stämmen bildet sich von unten her eine dunkelgraue, schwachrissige Borke (**H**).

E

F

Ø 4 cm

G

H

Beachtenswert

Beschädigte, frische Rinde riecht – namensgebend für das Gehölz – etwas nach Fäulnis. Angekratzte Rinde oder abgelöste Rindenstücke färben sich mit Alkalien (zum Beispiel Natronlauge) sofort intensiv rot (**I**). Verantwortlich dafür ist eine besondere Inhaltsstoffgruppe, die Anthranoide. Sie wirken stark abführend, weshalb Faulbaum zu den hoch wirksamen Arzneipflanzen zählt. Für pharmazeutische Zwecke wird Faulbaumrinde – in der Apotheke auch Gelbholzrinde oder Pulverholzrinde genannt – im Mai oder Juni von den Stämmen und Ästen geschält und getrocknet. Da sie im frischen Zustand zu heftigem Erbrechen führen kann, wird sie mindestens 1 Jahr gelagert oder eine Stunde auf 100 °C erhitzt. Dabei gehen die freien und glykosidisch

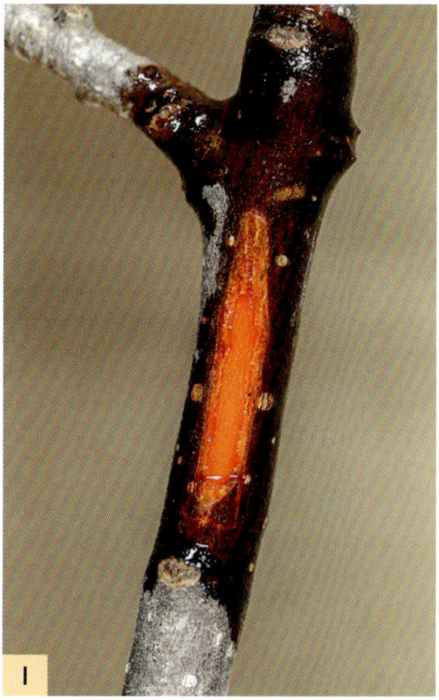

I

gebundenen Anthrone in verträglichere Anthrachinon- und Dianthronderivate über. Getrocknete Rinde in Apothekenqualität enthält mindestens 6 % Anthranoide. Von Rindern und Hühnern ist bekannt, dass sie nach dem Fressen von frischen Faulbaumzweigen nicht nur schwere Durchfälle bekamen, sondern verstarben.

Verwandte Art

Beim **Echten Kreuzdorn** (*Rhamnus cathartica*) enden die mehr oder weniger gegenständig stehenden Zweige häufig in einem Dorn. Anfangs ist die Rinde grau und zwischen den hellen Lentizellen glatt. An abgebrochenen Zweigen ragen Büschel mit Bastfasern 2–3 cm lang pinselartig heraus. Mit zunehmendem Dickenwachstum bilden sich kleine, runzelige Risse in der Rinde. Es entsteht ein schwarzbrauner, feinrissiger **Ringelkork** (**J**, rechter Stamm). Er rollt in sehr unregelmäßigen Streifen horizontal ab. Mit der Zeit wird die Rinde borkig. Es entsteht eine **Schuppenborke** mit Längsfurchen und länglichen, zum Teil quer gerissenen Schuppen, die sich abheben und meist nur etwa 2 mm dick sind (**K**). Der lebende Bast ist orangegelb gefärbt. Auch diese Rinde enthält Anthranoide, spielt medizinisch jedoch keine Rolle. Von der Rinde des Faulbaums lässt sie sich phytochemisch einfach unterscheiden, da sie außer den Anthranoiden auch Naphthalidglykoside enthält, die im ultravioletten Licht bei 365 nm blau fluoreszieren.

Fraxinus excelsior

Gewöhnliche Esche

Oleaceae (Ölbaumgewächse)

A

Ø 40 cm

Beschreibung

Der heimische, sommergrüne Laubbaum wächst 17–30 m, im Bestand gelegentlich bis zu 40 m hoch. Er kann 250–300 Jahre alt werden und dann einen bis zu 2 m dicken Stamm besitzen. Im Alter von 100 Jahren erreicht der Baum eine Höhe von etwa 30 m und einen Stammdurchmesser von 0,3–0,4 m. Der Stamm kann lang, gerade und zylindrisch bis in die Krone durchgehen und dabei weit hinauf astfrei sein. Er kann aber auch kürzer sein, sodass einige starke, regelmäßige, aufstrebende Hauptäste die Form der lockeren Krone bestimmen. Junge Bäume haben meist eine eher schlanke, ältere dagegen eine breite, hochgewölbte Krone. Die Äste sind gegenständig verzweigt. (**B**)

Rinde der Zweige

Die Rinde der im Querschnitt rundlichen oder ovalen Zweige ist hell graugrün bis olivgrau oder dunkel olivgrün, gelegentlich etwas violett überlaufen. Sie ist kahl, glänzt matt und besitzt zerstreut bis sehr zahlreiche Lentizellen. Diese sind hellbeige, rundlich oder spindelförmig längs ausgerichtet (**C**). Mit der Dickenzunahme reißt die Epidermis in sehr feinen Längsrissen auf (**D**).

Rinde der Äste und Stämme

Auch an Ästen und Stämmen bleibt das Oberflächenperiderm lange erhalten. Es bildet eine graue, graugrünliche oder graugelbliche, oft matt glänzende **Glattrinde**, die manchmal zarte Längsstreifen oder seltener sehr feine, leichte Längsrisse aufweist. Ihre Lentizellen erscheinen hellgrau oder beige, anfangs leicht warzig und rund bis schwach queroval (**E**). Bei zunehmender Dicke der Stämme

B

C

D

E

F

G Ø 28 cm

H Ø 30 cm

I Ø 48 cm

J Ø 42 cm

dehnen sie sich kaum quer aus, werden aber flacher und weniger auffällig. Diese Rinde bleibt 15–40 Jahre lang bestehen (**F**). In dieser Zeit sind nur die Bereiche an den Astnarben oder rund um die Ansatzstellen der Äste rauer, etwas kraus und borkig. Später setzt die Borkenbildung an der Stammbasis ein (**G**). Erst entstehen ziemlich dicht nebeneinander Längsrisse und zum Teil feine Querrisse (**H**). Mit der Zeit bildet sich eine graubeige bis graue, **haftende Schuppenborke**. Die Borke ist lange nur flach gefurcht, wobei die Rippen mehr oder weniger stark quer eingerissen sein können (**A**, **I**). Erst im Alter wird sie recht dick, springt grobrissig auf und zerklüftet sich stärker (**J**). Häufig entstehen aus den Rippen erhabene, raue, eckige Schollen (**K**). Die Rippen können aber auch deutlicher erhalten bleiben und ein Netz bilden, zwischen dem sich die Furchen farblich abheben (**L**). Ein solches netzartig verflochtenes Muster zeigt sich besonders häufig an der Stammbasis.

Beachtenswert

Der Baum bildet keine echten Bastfasern. Die Borke ist jedoch sehr reich an kürzeren Zellen mit stark verdickten Zellwänden (Steinzellen, Sklereiden). Im Querschnitt sind diese als Nester in der Rinde mit bloßem Auge zu erkennen (**M**).
Eschen besitzen eine sehr basenreiche Borke, die einen Lebensraum für viele Flechten bietet (**N** und S. 43).
Die Rinde junger Zweige schmeckt stark bitter und etwas zusammenziehend. Sie enthält verschiedene Cumaringlykoside und Cumarinderivate wie Fraxin und

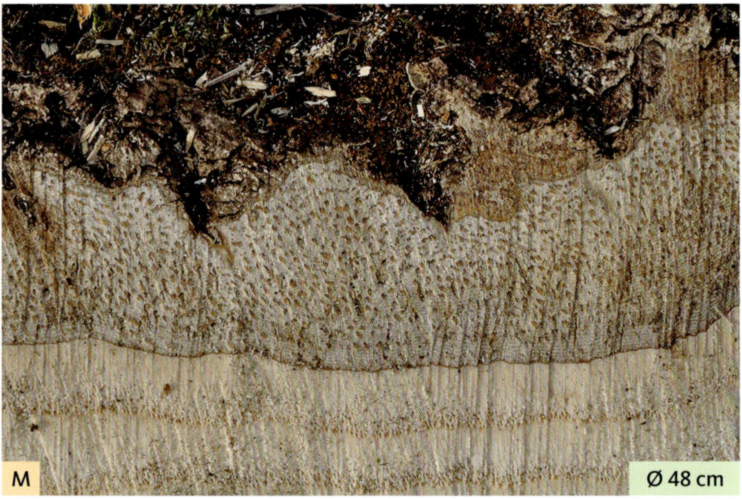

M Ø 48 cm

Aesculin, die unter UV-Licht türkisgrün bis blau fluoreszieren. Einzelne davon zeigten in verschiedenen Testsystemen eine entzündungshemmende, schmerz- oder rheumalindernde oder harntreibende Wirkung. Die Rinde wird heute jedoch nicht medizinisch verwendet. Früher setzten Heilkundige sie gegen Malaria und Würmer ein, doch ist die Wirksamkeit bei diesen Erkrankungen nicht belegt.

N Ø 63 cm

Ginkgo biloba

Ginkgo

Ginkgoaceae (Ginkgogewächse)

A

Ø 28 cm

Beschreibung

Der laubwerfende Baum aus China steht häufig in Parks und an Straßen. Er bildet meist einen einfachen, geraden Stamm, der bis zu 30 m hoch und 1 m dick werden kann. Auch mehrstämmige oder früh verzweigte Exemplare kommen vor. Junge Bäume wachsen schlank bis spitz pyramidal. Meist entspringen mehrere Äste auf fast gleicher Höhe. Da die einzelnen Stockwerke anfangs weit voneinander entfernt und die Äste nur wenig verzweigt sind, entsteht eine sehr lockere, spärlich beastete Krone (**B**). Mit zunehmendem Alter verzweigen sich die Äste stärker und es kommen weitere, oft diagonal zum Stamm wachsende Äste hinzu. Ältere Ginkgos besitzen eine ausgeprägte, häufig unsymmetrische Krone mit meist ausgebreiteten, ausladenden, oft etwas hängenden Ästen (**C**). An mehrjährigen Langtrieben bilden sich Kurztriebe, die bis zu 60 Jahre alt und im Laufe der Jahre bis zu 20 cm lang werden können. Sie können auch wieder von einem Langtrieb durchwachsen werden.

Rinde der Zweige

Die Rinde einjähriger Langtriebe ist kahl, glatt, ockerfarben bis rotbraun gefärbt und weist silbern schimmernde Bereiche, aber keine Lentizellen auf (**D**, linker Zweig). Ihre Oberfläche ist noch von der Epidermis bedeckt, unter der das Wachstum des Periderms jedoch bereits begonnen hat. Mehrjährige Langtriebe sind hellgrau bis graubraun und nun mit einzelnen hellen Lentizellen besetzt. Sie zeigen unregelmäßige Längsrisse oder ein rautenförmiges Muster (**D**, rechter Zweig). Die Kurztriebe sind so stark gestaucht, dass sich die Blattnarben an

ihnen lückenlos aneinander reihen und die Triebe zapfenartig wirken. Wenn ein Kurztrieb wieder zu einem Langtrieb auswächst, folgt am Zweig auf eine mehr oder weniger lange, raue, geringelte Zone wieder ein langer, glatter Rindenabschnitt (**E**).

Rinde der Äste und Stämme

Anfangs ist die Rinde noch ziemlich glatt und grau. Mit zunehmendem Dickenwachstum bildet sich eine korkige, **haftende Schuppenborke** (**A**). Zuerst reißt die Rinde mit Längsrissen auf (**F**). Diese Risse weiten sich zu Furchen, die sehr breit und unregelmäßig werden können. Sie verlaufen in Längsrichtung, jedoch nicht streng gerade, sondern meistens etwas verkrümmt. Zum Teil sind sie miteinander netzartig verbunden (**G**). Meist ist ein deutlicher

Farbkontrast zwischen Rippen und Furchen vorhanden. Während die Furchen in der Tiefe hell gelblichbeige bis hellbraun gefärbt sind, erscheinen die Wülste dunkel graubraun bis graugrün (**H**). An alten Stämmen ist die Borke tief gefurcht, sehr rau und wirkt teils wie geflochten, blättert aber nicht ab. Der ursprüngliche Farbkontrast zwischen den dunklen Wülsten und hellen Furchen wird häufig schwächer (**I**).

G Ø 45 cm

Beachtenswert

Alte Bäume können an Ästen und Stämmen Auswüchse bilden, die nach unten wachsen und wie verfestigte Riesentropfen oder Stalaktiten wirken (**J**). Die Japaner nennen diese wurzelartigen Maserzylinder „Chi-Chi", dies bedeutet „Brust". Die Bildungen sind holzig und unterscheiden sich in der Rindenstruktur kaum von einem entsprechend dicken Ast oder Stamm. Ihren Ursprung nehmen sie in überwallten Sprossknospen, die durch Verletzung oder andere

H Ø 58 cm

I

Ø 90 cm

schädigende Umweltreize austreiben. Wenn sie so lang werden, dass sie den Boden berühren, können sie sich verwurzeln und neue Stämme treiben.

Ginkgo gilt im Vergleich zu vielen anderen Bäumen als resistent gegenüber Feuer. Tatsächlich hält die trockene und leichte Rinde die Hitze eines Feuers vom Stamminnern fern, nur die Oberflächentemperatur steigt rasch an. Wenn ein Ginkgo nach einem Brand bald wieder austreibt, hängt dies aber vor allem mit seiner hohen Regenerationsfähigkeit zusammen. Sowohl die überwallten Sprossknospen an Stämmen und Ästen als auch unter dem Boden wachsende wurzelartige Triebe sind vor Feuer geschützt.

J

Gleditsia triacanthos

Amerikanische Gleditschie

Fabaceae (Hülsenfrüchtler)

Beschreibung

Der sommergrüne Laubbaum aus den östlichen und zentralen USA wächst in Mitteleuropa in erster Linie als Park- und Straßenbaum. Er wird hier 15–25 m, seltener 30–40 m hoch. Der meist relativ kurze, aufrechte Stamm erreicht bei uns einen Durchmesser von 0,3–0,9 m, in seiner Heimat können sehr große Exemplare auch bis zu 1,6 m dick werden. Der Stamm teilt sich in mehrere aufsteigende Äste, von denen dünne, ausgebreitete oder etwas hängende Zweige abgehen. Hierdurch entsteht eine breit ovale oder flache, oft etwas trichterförmige, offene, lockere Krone. (**B**)

Rinde der Zweige

Die etwas im Zickzack wachsenden, leicht gerieften Zweige sind von einer glänzenden, anfangs olivgrünen, rötlich- oder grünlichbraunen, oft etwas fleckigen Rinde bedeckt. Sie ist meist kahl und glänzend, gelegentlich anfangs schwach behaart. Um die Seitenknospen und Sprossdornen unterscheidet sich die Rinde der jungen Zweige meist durch eine auffallend rotbraune Färbung (**C**). Das Periderm wird bereits im ersten Jahr angelegt. An Stellen, an denen sich die abgestorbene Epidermis

B

C

D

darüber abhebt oder streifig ablöst, wirken die Zweige grausilbrig (**D**). Mit zunehmender Dicke der Zweige wird die Rinde braun, manchmal auch gräulich oder grau. Die runden Lentizellen sind graubeige bis ockerfarben oder schwarzgrau und etwas erhaben. Sie bilden später meist einen Längsspalt.

Rinde der Äste und Stämme

Die Äste und jungen Stämme tragen eine rötliche oder grünlichgraue **Glattrinde** mit zahlreichen, deutlichen, erhabenen, nun aber waagerecht gedehnten und dadurch querovalen, hellen Lentizellen (**E**). Mit zunehmender Stammdicke bilden sich bald flache Längsrisse, die meist deutlich rötlich gefärbt sind und sehr breit werden können (**A**). Zwischen den wenigen etwas tieferen Rissen bleiben lange Längsleisten oder

H
Ø 33 cm

I
Ø 51 cm

J
Ø 33 cm

große Platten stehen (**F**). Erst langsam entsteht eine raue **Schuppenborke**. Wenn sich Schuppen lösen, heben sie sich meist ausgehend von den Furchen parallel zur Stammrichtung ab und rollen etwas ein, bleiben aber meist aufgewölbt am Stamm haften (**G**). Mit der Zeit wird die Borke gräulichbraun (**H**). Sie zeigt die zahlreichen inaktiv gewordenen Lentizellen als auffallende, helle oder oft auch dunklere bis fast schwarze, raue Pusteln, die in der Regel einen Querspalt aufweisen (**I, J**). An der Stammbasis, an dicken Stämmen auch weiter oben, können sehr tiefe Furchen die Borke in lange, schmale, senkrechte Leisten teilen, die auf der Oberfläche rau und kleinschuppig sind.

Beachtenswert

Mit seiner relativ dünnen Borke ist der Baum gegen Waldbrände empfindlich. Junge Bäume schlagen jedoch nach einem Brand wieder aus. Oberhalb der Blattnarben, an den Ästen und am Stamm sitzen einfache oder verzweigte, sehr harte und spitze, seitlich etwas zusammengedrückte Dornen, die an dicken Ästen und am Stamm Büschel bilden und dort bis zu 30 cm lang werden können (**K**). Sie entspringen aus ruhenden Knospen. Es handelt es sich dabei also um umgebildete Sprosse und nicht um Auswüchse der Rinde. Sie schützen das Gehölz gegen Wildverbiss und hindern Tiere daran, am Stamm hinaufzuklettern, um an die Früchte zu gelangen. Baumschulen bieten verschiedene dornenlose Sorten als Straßenbäume und für Gärten an.

Ilex aquifolium

Gewöhnliche Stechpalme

Aquifoliaceae (Stechpalmengewächse)

A

Ø 30 cm

B

C

D

Beschreibung

Das immergrüne, heimische Laubgehölz wächst wild zerstreut in Wäldern. Häufiger steht es – auch in Sorten – als Ziergehölz in Gärten und Parks. Es wächst als bis über 10 m hoher, meist gleichmäßig kegelförmiger Baum (**B**) oder entwickelt sich strauchförmig. Alte Stämme der Baumform können bis zu 0,5 m dick werden. Die Stechpalme ist sehr regenerationsfreudig und lässt sich auch als Hecke schneiden. Nach Rückschnitt bis zum Boden treibt sie meist mehrstämmig wieder aus.

Rinde der Zweige

Die primäre Rinde wächst lange mit, sodass die Zweige bis über 10 Jahre lang grün bleiben und keine Lentizellen aufweisen (**C**). Auf der Lichtseite ist die Zweigrinde häufig rot überlaufen, auf der Schattenseite meist grasgrün. Ihre Oberfläche ist kahl oder selten schwach behaart, manchmal etwas gefurcht. An älteren Zweigen setzt fleckenartig die Korkbildung ein, mit der Bildung des Oberflächenperiderms entstehen nun vereinzelt helle Lentizellen (**D**).

Rinde der Äste und Stämme

Auch mit zunehmender Dicke und Alter bleiben die Äste und der Stamm noch sehr lange vom dünnen graugrünen bis schwarzgrauen Oberflächenperiderm bedeckt. Diese **Glattrinde** zeigt helle Lentizellen sowie Rillen (**E**). Später bekommt sie feine, oberflächliche Risse und kann sich in dünnen oft welligen Häutchen abschälen (**F**). Die mit der Zeit dunkler werdenden Lentizellen können rautenförmig und sehr groß sein (**A**) oder anfangs rundlich und sich zunehmend in Querrichtung ausdehnen. Auch im Alter bildet sich nur stellenweise eine dünne silbergraue bis schwarzgraue Borke, die an die Rinde einer Hainbuche (*Carpinus betulus*) erinnert. Sie reißt mit Längsrissen auf und wird schuppig (**G**).

Beachtenswert

Selbst an den Hauptstämmen enthält die Rinde noch Chlorophyll und kann Fotosynthese betreiben. Allerdings gelangt nur noch ein geringer Prozentsatz des

E Ø 3 cm

F Ø 11 cm

Sonnenlichts in die Stammrinde und der Sauerstoffaustausch ist durch das weitgehend undurchlässige Periderm mit nur noch wenigen intakten Lentizellen stark eingeschränkt.

Die dünne Glattrinde ist dafür verantwortlich, dass der Baum feuerempfindlich ist. Ein Brand kann selbst größere Bäume vernichten. Der Wurzelstock bleibt jedoch in der Regel unbeschädigt, sodass sich das Gehölz in vielen Fällen regenerieren kann und als vielstämmiges Buschwerk neu austreibt.

Die Rinde enthält wie alle übrigen Teile des Baumes giftige Inhaltsstoffe. Welche Substanzen für die Giftwirkung auf Mensch und andere Säugetiere verantwortlich sind, ist noch nicht eindeutig geklärt. Jedenfalls schützt selbst die Kombination aus Giftstoffen und stacheligen Blätter das Gehölz nicht immer vor Wildverbiss.

Früher vermischten Vogelfänger die zerkleinerte grüne Zweigrinde mit Mistelbeeren und strichen diese klebrige Masse auf ihre Leimruten.

Juglans regia

Echte Walnuss

Juglandaceae (Walnussgewächse)

A

Ø 45 cm

Beschreibung

Der 10–30 m hohe, sommergrüne Baum aus Asien und dem östlichen Mittelmeerraum wächst häufig auf Streuobstwiesen, an Bauernhöfen und in Gärten. Bei freiem Stand bildet er einen kurzen, oft krummen, zylinderförmigen Stamm und dicke, ausladende Äste, die eine lockere, breit kugelförmige Krone bilden. Der unbeastete Stammbereich ist bei solchen Bäumen meist etwa 3 m hoch (**B**). Im Bestand wächst der Baum oft mit einem geraden, zylindrischen Stamm, der bis zu 6 m hoch astfrei sein kann. Meist wird der Stamm 0,6–0,8 m dick, doch kommen auch bis zu 2 m dicke Exemplare vor.

Rinde der Zweige

Die jungen, ziemlich dicken, leicht kantigen Zweige haben eine kahle Rinde, die im ersten Jahr olivgrün oder olivbraun gefärbt ist (**C**). Im zweiten Jahr ist sie glänzend rotbraun bis dunkelbraun. Die Bildung des Periderms setzt bereits in der ersten Vegetationsperiode ein. An Stellen, an denen sich die tote Epidermis abhebt, wirkt die Rinde gräulich-fleckig (**D**). Die hellen Lentizellen sind anfangs strichförmig längs orientiert, später werden sie rund.

Rinde der Äste und Stämme

Die Äste und dünneren Stämme sind von einer glatten, silbergrauen, hellgrauen bis hell graubraunen oder graurötlichen bis graugrünlichen, dünnen, vom Oberflächenperiderm gebildeten **Glattrinde** bedeckt (**E**, **F**). Bei weiterem Dickenwachstum reißt sie sehr regelmäßig mit deutlichen, hellen Längsrissen auf (**G**, **H**). Später entwickelt sich eine hellgraue, aschgraue oder seltener schwarzgraue, rissige,

B

haftende **Schuppenborke**, die grob netzig-schollig aufreißt (**I**). Längsfurchen dominieren und sind tief. Zusätzlich treten quer über die oft noch lange von der glatten Oberfläche des Periderms bedeckten Rippen verlaufende Risse auf, die gewöhnlich schmäler und weniger tief sind. Häufig trennen sie V- oder Y-förmige Rippenabschnitte voneinander ab (**A**, **J**). Erhabene Zonen heben sich auch an dicken Bäumen meist deutlich heller von den dunkleren Furchen ab (**K**).

Beachtenswert

Die Glattrinde ist sehr häufig mit Krusten- und Blattflechten überzogen, die unterschiedlich gefärbte Flecken bilden (**H** und S. 43). Auf der Schuppenborke dagegen siedeln häufig Strauchflechten an den Furchenrändern (**I**).

F
Ø 14 cm

G
Ø 27 cm

H
Ø 27 cm

I
Ø 58 cm

Junge Bäume sind mit ihrer dünnen Rinde nur wenig gegen mechanische Verletzungen geschützt.
Wie alle Teile des Baumes enthält die Rinde Hydrojuglonglykosid, aus dem Hydrojuglon und Juglon entstehen. Diese für die Walnuss typischen Inhaltsstoffe hemmen oder unterdrücken Nachbarpflanzen (Allelopathie). Außerdem sind Gerbstoffe und die Triterpene Betulin und Sitosterin vorhanden.
Die Rinde dient als Beiz- und Färbemittel. Die Branntweinindustrie verwendete sie früher gelegentlich als Alterungsmittel oder zur Abrundung der Geschmacks- und Geruchsmerkmale bestimmter Weinbrandtypen. Nach EU-Recht ist Walnussrinde jedoch nicht mehr als Bestandteil solcher Typagen erlaubt.

J Ø 45 cm

K Ø 70 cm

Laburnum anagyroides
Gewöhnlicher Goldregen

Fabaceae (Hülsenfrüchtler)

A

Ø 15 cm

Beschreibung

Der sommergrüne, meist 7–8 m, selten bis zu 13 m hohe, aufstrebend wachsende große Strauch oder kleine Baum aus dem südlichen Mitteleuropa und Südosteuropa steht häufig in Gärten und Parks. Der Stamm kann einen Durchmesser von bis zu 0,2 m erreichen. Die Zweige streben anfangs aufrecht, später hängen sie etwas über (**B**).

Rinde der Zweige

Die Rinde der jungen, schlanken Zweige ist ringsum dunkelgrün, graugrün oder silbergrau oder auf der dem Licht zugewandten Seite rötlichbraun bis rotviolett. Besonders Richtung Zweigspitze ist sie anliegend seidig grau oder flaumig behaart. Das Periderm wird bereits im ersten Jahr angelegt, die darüber liegenden Schichten der primären Rinde reißen auf (**C**) und werden abgestoßen, sodass die Rinde ihre Behaarung verliert (**D**). Die kleinen, quer orientierten Lentizellen sind ockerfarben und ziemlich unregelmäßig verteilt.

Rinde der Äste und Stämme

Das Oberflächenperiderm bleibt sehr lange, oft über die ganze Lebenszeit des Gehölzes erhalten, sodass auch dickere Stämme von einer **Glattrinde** bedeckt sind. Mit dem Dickenwachstum der Äste und Stämme ändert sich ihre Färbung zu graugrün, hell bis dunkel graubraun oder grauschwarz. Die Lentizellen werden zunehmend quer gedehnt und schmal. Sehr häufig sitzen sie fast übereinander, sodass sie auf der glatten Oberfläche der Rinde quer gestrichelte,

B

C

D

E

Ø 8 cm

F

kurze Längs- oder Schrägbänder bilden (**E**). Die glatten Peridermbereiche bilden häufig ein netzartiges Muster (A). Auch an dickeren Stämmen ist die Korkhaut durch Chloroplasten grün gefärbt (**F**). Höchstens am Grund alter Stämme kann sich etwas Borke mit kleinen, aber bis millimeterdicken Schuppen entwickeln (**G**).

Beachtenswert

Die Rinde enthält ebenso wie die anderen Pflanzenteile stark giftige Chinolizidinalkaloide wie Cytisin. Frische Rinde kann einen Gehalt von rund 1% Alkaloiden aufweisen. Der Pflanze dienen diese Stoffe als Fraßschutz. Nur wenige Insekten, die sich auf Goldregen spezialisiert haben, können die Alkaloide abbauen oder nutzen sie für die eigene Verteidigung. Besonders Kinder vergiften sich immer wieder nicht nur mit den Blüten oder Samen des Gehölzes, sondern auch durch Kauen von Zweigen oder Rinde. Diese lässt sich ziemlich leicht abziehen und riecht etwas wie frische Erbsenhülsen. Zu den Vergiftungssymptomen gehören Speichelfluss, Erbrechen, Herzklopfen, Sehstörungen, Verwirrtheit und Muskelkrämpfe. Tödliche Mengen führen zu Atemlähmung oder Kreislaufversagen. Ziegen können die Zweige ohne akute Vergiftungserscheinungen fressen, die darin enthaltenen Alkaloide können dann jedoch zu Missbildungen an den

Föten führen. Sie gehen auch in die Ziegenmilch über, die damit für den Menschen giftig wird.

Verwandte Art

Der häufig in Gärten wachsende **Hybrid-Goldregen (*Laburnum* × *watereri*)** ist eine natürliche Kreuzung, die aus dem **Alpen-Goldregen (*Laburnum alpinum*)** und dem Gewöhnlichen Goldregen entstanden ist. Er wurde erstmals im Jahr 1856 bei Bozen in Südtirol wild gefunden. Seine jungen Zweige sind schwächer behaart als die des Gewöhnlichen Goldregens (**H**). Die Zweige des Alpen-Goldregens sind vollkommen kahl.

G

Ø 20 cm

H

Larix decidua

Europäische Lärche

Pinaceae (Kieferngewächse)

A

Ø 32 cm

Beschreibung

Der sommergrüne Nadelbaum ist in den Alpen, Sudeten und Karpaten beheimatet und bildet in den Zentral- und Ostalpen die Waldgrenze. Außerhalb dieses Areals steht er im Forst, in Parks und Gärten. Er kann eine Höhe von 35–50 m erreichen. Sein gerader Stamm ist im Querschnitt ziemlich rund und meist bis 1 m, gelegentlich bis über 2 m dick. Die Krone ist anfangs schmal kegelförmig (**B**). Später flacht sie sich breit ab (**C**). Die Äste stehen waagerecht ab oder sind etwas überhängend, die Zweige hängen dünn von den Hauptästen.

Rinde der Zweige

Die jungen Langtriebe glänzen strohgelb bis gelblichbraun, gelegentlich mit grünlichem oder rötlichem Schimmer. Ihre Oberfläche ist kahl und unbereift. Sie besteht in diesem Stadium ausschließlich aus den herablaufenden Nadelbasen, die als etwa 1 mm breite, flache, zungenartig verlaufende Rippen dicht nebeneinander liegen (**D**). Bereits im ersten Jahr beginnt die Bildung eines Periderms. Im zweiten Jahr, wenn zusätzlich Kurztriebe vorhanden sind, kann die Rinde beigebraun sein (**E**). Ab diesem Zeitpunkt drängt der dicker werdende Zweig die Nadelbasen auseinander, sie erscheinen zunehmend als unregelmäßig geschlängelte, wenig erhabene Linien, die in ihrem Umriss an Kaulquappen erinnern (**F**).

Rinde der Äste und Stämme

An den Ästen bildet sich bald eine bräunliche bis graubraune, schuppige Rinde. An den Stämmen bleibt das Oberflächenperiderm mehrere Jahre lang tätig. Die

B

C

D

E

F
Ø 3 cm

G
Ø 7 cm

von ihm gebildete **Glattrinde** ist in diesem Zeitraum grünlichbraun, gelblich oder graubraun (**F, G**). Die Muster der Nadelpolster sind darauf noch mehr oder weniger deutlich zu erkennen. Im Innern der Rinde verlaufen Harzkanäle. Mit zunehmender Dicke der Äste und Stämme beginnt die Bildung einer **abblätternden Schuppenborke**. Dabei werden die Harzräume abgeschnitten. Nachdem tiefer in der Rinde keine neuen Harzräume mehr entstehen, ist die Borke harzfrei. An alten Bäumen wird die Borke bis zu 10 cm dick und weist grobe, tiefe, unregelmäßige Risse auf (**H, I**). Ihre längs gestreckten Schuppen haften besser aneinander als die der Wald-Kiefer (*Pinus sylvestris*), bilden also sehr viele aufeinander liegende Schichten und blättern nicht so leicht ab (**A**). Im Querschnitt wirken sie zum Teil sehr regelmäßig geschichtet. Ihre Ränder sind nicht geflügelt. Auf der Außerseite sind sie rotbraun bis graubraun oder schwarzbraun, an abgeblätterten Stellen und auf der Innenseite rötlichviolett gefärbt (**J**).

Beachtenswert

Der Baum ersetzt die Harzkanäle der Rinde, die mit zunehmender Bildung von Tiefenperidermen verloren gehen, durch Harzkanäle im Holz. Aus diesen dringt bei Verletzung ein Balsam – ein Gemisch aus Harzsäuren und ätherischen Ölen – nach außen (**K**). Um dieses Lärchenterpentin zu gewinnen, bohren Sammler durch die Rinde hindurch bis ins Holz. In der Heilkunde verwendet man es bei Atemwegserkrankungen, Furunkeln und als durchblutungsförderndes Mittel bei Rheuma. Im Gebirge wächst häufig eine gelbe Flechte auf der Borke dieser Lärchenart (**L**). Es handelt sich dabei um die Wolfsflechte (*Letharia vulpina*). Sie enthält giftige Vulpinsäure. Früher verwendeten Bergbauern sie, um Wölfe und Füchse zu töten.

K

Ø 58 cm

L

Larix kaempferi

Japanische Lärche

Pinaceae (Kieferngewächse)

Beschreibung

Der bis zu 30 m hohe, sommergrüne Nadelbaum aus Japan wächst in Europa sowohl in Parks als auch – besonders in Tieflagen und küstennahen Gebieten – im Forst. Der gerade bis in die Spitze durchgehende Stamm kann eine Dicke von bis zu 1,5 m erreichen. Die Äste gehen waagerecht von ihm ab und hängen nicht über (**B**). Oft sind einige davon sehr kräftig. Die Krone ist anfangs breit kegelförmig und dicht, mit zunehmendem Alter wird sie unregelmäßiger und offener.

Rinde der Zweige

Die jungen Zweige sind rötlich bis kupferrot gefärbt und oft bläulichweiß bereift (**C**). Meistens sind sie kahl, seltener leicht behaart. Ihre Oberfläche wird anfangs vollständig von den leistenartig herablaufenden Nadelbasen gebildet. Etwas ältere Zweige zeigen graue Rillen zwischen den Nadelbasen.

Rinde der Äste und Stämme

An den Ästen weichen die Nadelpolster zunehmend auseinander und machen einer bräunlichen bis graubraunen, schuppigen Rinde Platz (**D**). An jungen Stämmen ist die Rinde rötlich bis rötlichbraun oder grünlichbraun und glatt. Auf dieser **Glattrinde** sind immer noch die Nadelpolster zu erkennen (**E**). Später blättert die Rinde erst in kleinen Platten, dann in schmalen Streifen ab. Es bildet sich eine grobe, rot- bis dunkelbraune, tief gefurchte **abblätternde Schuppenborke**, die jener der Europäischen Lärche (*Larix decidua*) ähnelt (**A**, **F**, **G**). Sie verwittert ebenfalls grau (**H**). Unter frisch abgelösten Borkenschuppen soll sie intensiver violettrot wirken als bei dieser, der Unterschied ist jedoch kaum deutlich ausgeprägt.

Liquidambar styraciflua
Amerikanischer Amberbaum

Altingiaceae (Altingiagewächse)

B

C

Beschreibung

Der sommergrüne Laubbaum stammt aus Nordamerika. In Mitteleuropa steht er häufig als Ziergehölz in Parks, Gärten und an Straßen. Während er in seiner Heimat bis zu 45 m hoch werden kann und einen 0,6–1,5 m dicken Stamm bildet, bleibt er in Mitteleuropa kleiner. Er entwickelt einen langen, geraden, bis in die Spitze durchgehenden Stamm. Bei jungen Bäumen sitzen die steifen Äste spitz- bis rechtwinkelig in unregelmäßigen Abständen am Stamm und bilden eine harmonische, regelmäßige, kegelförmige Krone (**B**). Ältere, frei stehende Bäume haben eine rundliche Krone (**C**).

Rinde der Zweige

Die Peridermbildung beginnt bereits im ersten Jahr. An einjährigen Zweigen ist die Rinde gelbbraun oder auf der

D

Schattenseite olivgrün und auf der Sonnenseite mehr oder weniger auberginefarben überlaufen. Sie besitzt einen matten Glanz. Die wenigen Lentizellen erheben sich buckelig-warzig (**D**). Manchmal können sie so stark korkig sein, dass die Zweige wirken, als ob sie mit Popcorn bedeckt seien (**E**). An zweijährigen Zweigen ist die Rinde anfangs braun gefärbt, doch bald durch die absterbende Epidermis grau oder graubraun. Ältere Zweige sind ziemlich steif, durch Korkbildung vollständig grau und zeigen dunkelgraue Lentizellen (**F**). Die Korkschichten reißen längs auf. Je nach Mächtigkeit des Korkes entstehen dabei entweder nur unebene Rillen oder hohe, unregelmäßige, stark höckerige falsche Korkleisten. Normale Zweigbereiche können sich mit solchen abwechseln, die eine oder mehrere deutliche Leisten zeigen (**G**).

Rinde der Äste und Stämme

Je nach Exemplar können die jungen Stämme mehr oder weniger glatt und nur schwach längs gestreift oder aber durch wulstige Korkleisten sehr uneben sein (**H**, **I**). Anfangs entstehen zahlreiche schmale, senkrecht verlaufende, etwas abgerundete und miteinander verbundene Leisten. Mit der Zeit entwickelt sich daraus eine sehr korkige, dicke Borke mit tiefen, meist rötlichbraunen Furchen und abgerundeten, manchmal schuppigen, grauen bis graubraunen Rippen (**A**, **J**). Diese lösen sich häufig in unterschiedlich große Felder oder Platten auf (**K**). Selbst bei kräftigen Bäumen kann am Grund der Furchen ein Streifen der hellen inneren Rinde sichtbar sein. Da die plattigen Borkenstrukturen etwas an eine Krokodilhaut erinnern sollen, heißt der Baum in Amerika auch „Alligator Tree".

E

F

G

H
Ø 10 cm

I
Ø 6 cm

J
Ø 19 cm

K
Ø 65 cm

Beachtenswert

Der Baum bildet Styrax, auch Storaxharz genannt, einen zähfließenden, klebrigen, aromatisch riechenden Balsam. Der wissenschaftliche Name des Gehölzes geht hierauf zurück (*Liquidambar* = „flüssiger Balsam", *styraciflua* = „fließender Styrax"). Der Balsam entsteht erst nach Verletzung des Stammes in traumatischen Harzkanälen der inneren Rinde und sammelt sich in Höhlungen unter der Rinde. Diese sind dann als Rindenbeulen am Stamm zu erkennen. Balsamsammler stechen sie an und fangen den ausfließenden Balsam auf. Ein großer Baum kann 20–100 kg Balsam liefern. Er enthält neben Harz verschiedene duftende Komponenten wie Zimtsäure und Vanillin. Parfumeure verwenden ihn als „Flüssiges Amber" für Parfüms und Körperseifen. Er aromatisiert aber auch Getränke, Süßigkeiten und Tabak. Verschiedene nordamerikanische Indianerstämme nutzten Styrax oder die balsamhaltige innere Rinde des Baumes gegen Hautprobleme, Schnittwunden, Durchfall und andere Krankheiten. Sie kauten ihn auch als Kaugummi. Dieser Verwendung verdankt der Baum seine englische Bezeichnung „Sweetgum". Die Volksheilkunde kennt noch heute Styrax als Bestandteil in Husten- und Erkältungsmitteln und setzte ihn früher gegen Krätze ein. Er eignet sich auch als Räucherwerk. Die nicht verwandten, zu den Storaxbaumgewächsen (*Styracaceae*) gehörenden Storaxbäume (Gattung *Styrax*) bilden ebenfalls einen duftenden Balsam. Es handelt sich dabei jedoch nicht um Styrax oder Storaxharz. Vielmehr kommt ihr Balsam getrocknet als Benzoeharz in den Handel. Dieses dient ebenfalls als Räucherwerk.

L

Ø 42 cm

Verwandte Art

Der **Orientalische Amberbaum (*Liquidambar orientalis*)** ist in der Südtürkei und in Syrien heimisch, in Mitteleuropa steht er nur selten in Gärten. Auch bei ihm tragen die älteren Äste Korkleisten. Die stark korkige, graue Stammrinde kann noch stärker zerfurcht als die des Amerikanischen Amberbaums sein. Ihre Rippen sind in unregelmäßig rechteckige Schuppen zergliedert (**L**). Diese Art liefert ebenfalls Styrax. Er sammelt sich jedoch nicht in Beulen, sondern verbleibt in der inneren Rinde. Bei der Styraxernte werden erst die äußeren Borkenlagen entfernt und dann die innere Rinde abgekratzt. Aus dieser wird der Balsam mit Wasser ausgekocht und ausgepresst.

Liriodendron tulipifera

Tulpenbaum

Magnoliaceae (Magnoliengewächse)

Beschreibung

Der sommergrüne, raschwüchsige Laubbaum aus dem östlichen Nordamerika steht häufig in Parks, gelegentlich auch in Gärten und an Straßen. In seiner Heimat kann er bis über 45 m hoch werden, wobei sein massiger Stamm einen Durchmesser von bis zu 3 m erreicht. Meistens wird der Baum aber nur halb so groß. Gewöhnlich bildet er einen sehr gerade durchgehenden Hauptstamm und wenige Seitenäste, sodass eine offene, pyramidale Krone entsteht. Besonders im Alter kann die Krone durch einige Hauptäste breit ausladend werden. Die unteren Äste können überhängen (**B**). Oft sind die Bäume jedoch weit hinauf astlos. An der Basis alter Bäume entwickelt sich meist ein Sockel aus Wurzeln und Erde (**C**).

B

C

Rinde der Zweige

Die unregelmäßig geknickt wachsenden Zweige sind anfangs hell gelbgrün und von einem graugrünen Flaum bedeckt. Ab dem ersten Winter tragen sie auf der dem Licht zugewandten Seite eine rotbraun glänzende, kahle Rinde und sind höchstens zur Zweigspitze hin leicht bereift (**D**). Auf der Schattenseite ist die Rinde heller und oft eher olivbraun. Dort hebt sich die tote Epidermis auch früher ab als auf der Sonnenseite. Bald treten feine Risse auf. Die zerstreut bis zahlreich vorhandenen Lentizellen sind blass, fast weiß und anfangs punktförmig und klein (**E**). Später werden sie dunkelgrau.

Rinde der Äste und Stämme

Solange die Äste und jungen Stämme vom Oberflächenperiderm bedeckt sind, bleiben sie glatt, hellgrau, beigegrau oder dunkelgrüngrau. Sie sind durch helle, rhombische Lentizellen und Längslinien, die diese verbinden, fein längs gestreift (**F**). Auch 15 cm dicke Stämme haben in rund der Hälfte der Fälle noch eine solche **Glattrinde**. Wenn die Borkenbildung einsetzt, bilden sich anstelle der Linien feine, schmale, mit der Zeit breiter werdende, helle Längsrisse (**G**). Später entwickelt

sich eine hell graubraune bis hellbraune oder aschgraue, **haftende Schuppenborke**. Oberseits flache, seitlich abgeschrägte Leisten wechseln dabei mit Längsfurchen ab. Sie sind mehr oder weniger stark miteinander verbunden. Anfangs bilden sie sehr häufig ein sehr gleichmäßiges Rippennetz, das in den Vertiefungen an den Rändern oft fast weißlich, in der Tiefe dagegen hell braunorange oder rostrot ist (**A**, **H**). Mit zunehmender Dicke entwickeln sich dominierende, oft etwas schräg verlaufende Hauptrippen, von denen einseitig schwächere Rippen abzweigen, die kaum noch Kontakt zu der nächsten Hauptrippe haben (**I**, **J**). Die Borke wird zunehmend graubraun bis dunkler grau. Die Hauptfurchen springen immer gröber und tiefer auf. Die Rippen werden rauer, abgerundet oder

giebelartig und können leichte Querrisse bekommen (**J**). An den Astnarben können sich auffällige Wülste entwickeln (**K**).

Beachtenswert

Die Rinde hat einen starken, aromatisch-würzigen bis beißenden, etwas seifigen Geruch, der etwas an Zitronat erinnert. Er ist bereits beim Ankratzen oder Durchbrechen dünner Zweige deutlich wahrnehmbar. Verantwortlich für den Geruch sind in erster Linie ätherische Öle. Alle Teile des Baumes, besonders die Rinde und das Holz, sind für den Menschen giftig. Weidevieh und Kaninchen können jedoch unbeschadet davon fressen. Die Indianer Nordamerikas verwendeten die Rinde gegen Fieber und als Stärkungsmittel. Im 19. Jahrhundert war sie im Arzneibuch der USA

als Mittel gegen Fieber, Periodenbeschwerden und zur Appetitanregung offiziell. Während des Amerikanischen Bürgerkriegs (1861–1865) und des 2. Weltkriegs (1939–1945) wurde sie – wie auch andere bitter schmeckende Rinden – als Ersatz für das aus Chinarinde stammende Chinin gegen Malaria angewandt. Neuere Studien ergeben, dass dies wohl sinnvoll war: Aporphin-Alkaloide und Sesquiterpenlactone aus Tulpenbaum töten zumindest in vitro Malariaerreger ab.

Magnolia × soulangeana

Tulpen-Magnolie

Magnoliaceae (Magnoliengewächse)

B

C

Beschreibung

Dieser prächtige, bis zu 9 m hohe Garten- und Parkbaum entstand als Kreuzung aus der Yulan-Magnolie (*Magnolia denudata*) und der Purpur-Magnolie (*Magnolia liliiflora*), die beide in China beheimatet sind. Er wächst meist mehrstämmig oder bildet in geringer Höhe dicke, ausladende, oft etwas gewundene Äste. Der kurze, meist krumme Stamm kann bis über 0,4 m dick werden. Junge Bäume bilden anfangs eine schlanke Krone. Bald wird diese oval oder rundlich, mit zunehmendem Alter offener, breit und unregelmäßig (**B**).

Rinde der Zweige

An den ziemlich dicken Zweigen setzt die Peridermbildung früh ein. Nur die Rinde des ersten Internodiums unter der Endknospe ist mehr oder weniger stark behaart. Zwischen den Haaren sind bereits die ersten Lentizellen zu erkennen. Die Rinde ist an der Zweigspitze rotbraun gefärbt. Mit zunehmendem Abstand von der Zweigspitze wird sie braungrau bis grau. Die rundlichen Lentizellen sind heller und erhaben (**C**).

Rinde der Äste und Stämme

Äste und Stämme sind von einer grauen bis graubraunen **Glattrinde** bedeckt (**A**). Ihre anfangs pusteligen Lentizellen besitzen einen Längsspalt (**D**). Bei zunehmendem Dickenwachstum können sie sich zu etwas erhabenen Querwülsten verbinden (**E**). Besonders im Bereich der Lentizellen setzen sich häufig Grünalgen fest, sodass sich die Lentizellen als grünliche Leisten von der umgebenden Rinde abheben (**F**). Höchstens an dicken Stämmen kann die Glattrinde etwas abblättern (**G**). Die dünne Rinde ist empfindlich gegenüber mechanischen Verletzungen, wie sie bei Gartenarbeiten leicht vorkommen können. Im Alter wird die Rinde häufig rauer und schwach borkig (**H**).

D
Ø 15 cm

E
Ø 13 cm

F
Ø 19 cm

G
Ø 24 cm

H

Malus domestica

Kultur-Apfel

Rosaceae (Rosengewächse)

Beschreibung

Die sehr zahlreichen Kultursorten wachsen als Bäume oder große Sträucher. Sie werden je nach Sorte 6–10 m hoch, noch höhere Bäume sind selten. Außerhalb der Kulturen treten oft verwilderte Exemplare auf. Der Stamm ist kurz und wird bis über 0,5 m, selten fast 1 m dick. Häufig ist er spannrückig oder drehwüchsig (**I**). Dabei tritt meistens ein Linksdrehwuchs auf (siehe S. 27). Es gibt jedoch auch einige Sorten, die regelmäßig Rechtsdrehwuchs zeigen (z.B. Baarapfel). Die tief angesetzte Krone besitzt ausladende Äste, sodass sie meist breiter als hoch, aber insgesamt unregelmäßig wächst. Die Zweige sind seitlich gebogen (**B**). Die typische Erscheinungsform kann durch Schnitt- und Kulturmaßnahmen wie Spalierzucht wesentlich verändert sein und je nach Sorte variieren.

B

C

Rinde der Zweige

Die Rinde der jungen, relativ dicken Zweige ist bei vielen Sorten zur Spitze hin dicht filzig-zottig behaart und wirkt dadurch mehr oder weniger gräulich. Zur Basis hin verkahlt sie mehr oder weniger rasch, sodass die Oberfläche rötlichbraun bis dunkel violettbraun oder olivgrau erscheint und glänzt (**C**). Beim weiteren Wachstum des Periderms hebt sich die Epidermis zuerst besonders auf der Lichtseite ab, sodass die Rinde zunehmend stumpf graubraun wird (**D**). Die zerstreut bis zahlreich vorhandenen Lentizellen sind anfangs hell, an älteren Zweigen bräunlich bis dunkelgrau.
Die Behaarung sowie die Anzahl, Form und Größe der Lentizellen kann je nach Sorte unterschiedlich ausgeprägt sein.

Rinde der Äste und Stämme

An den Ästen und jungen Stämmen bildet das Oberflächenperiderm anfangs noch eine grünlich- oder rötlichgraue oder rötlichbraune bis braune **Glattrinde** (**E**). Bald wird diese jedoch schwach borkig und blättert in schwachen Platten ab

D

E

Ø 15 cm

(F). Die sich entwickelnde **abblätternde Schuppenborke** wirkt durch die unterschiedlichen Lagen oft ziemlich farbig mit grauen bis rötlichbraunen Bereichen. Die Platten lösen sich verschieden dick und groß und legen tiefere, anfangs meist helle oder rötliche bis rötlichbraune Rindenbereiche frei (**G**). Auf diesen können kleine Beulen und Lentizellen vorhanden sein, die die mit den Borkenschuppen abgestoßenen Lentizellen ersetzen (**A**, **H**). Mit der Zeit wird die Borke jedoch dicker und blättert nur noch kleinflächig ab. An alten Stämmen bildet sie unregelmäßige, oft etwas längs gestreckte, struppig wirkende Schuppen, zwischen denen tiefere Risse oder Furchen vorhanden sein können. Ihre Farbe ist nun ziemlich einheitlich graubraun (**I**, **J**).

F

Ø 14 cm

G Ø 17 cm

H Ø 22 cm

I Ø 56 cm

J Ø 56 cm

Beachtenswert

Auf den freigelegten hellen Rindenbereichen können Kommaschildläuse (*Lepidosaphes ulmi*) sitzen, die auf den ersten Blick an Lentizellen erinnern (**K**). Die Rinde ist hier so dünn, dass die Tiere mit ihren Mundwerkzeugen bis ins Phloem stechen und den dort fließenden zuckerhaltigen Saft erreichen können.

Nicht nur die Apfelfrüchte, sondern auch die Rinde enthalten Äpfelsäure und Ascorbinsäure (Vitamin C).

Verwandte Art

Der **Holz-Apfel (*Malus sylvestris*)** lässt sich anhand der Borke nicht vom Kultur-Apfel unterscheiden. Charakteristisch für ihn ist jedoch, dass ziemlich spitz und dornenartig eingetrocknete Kurz- und Langtriebe vorkommen und außerdem Sprossdornen an Wasserreisern am Stamm vorhanden sind (**L**). Seine jungen Zweige sind nur zur Spitze hin leicht behaart.

Verwilderte Kultursorten können gelegentlich ebenfalls solche Dornen ausbilden, dann können sie mit einem Wild-Apfel verwechselt werden.

Mespilus germanica
Echte Mispel

Rosaceae (Rosengewächse)

Beschreibung

Das aus dem Kaukasus und dem Nordiran stammende, sommergrüne Gehölz kam durch die Römer nach Mittel- und Westeuropa. Es steht heute gelegentlich auf Obstbaumwiesen und in Gärten. Selten sind verwilderte Exemplare anzutreffen. Die Mispel kann sich als Strauch oder Baum entwickeln, erreicht aber meist nur eine Höhe von bis zu 6 m. Als Baum bildet sie einen kurzen, meist unregelmäßigen Stamm, der meist 0,2–0,3 m, selten bis zu 0,5 m dick werden kann. Die dichte Krone ist sehr ausladend, sodass das Gehölz gewöhnlich breiter als hoch wächst und eine malerische, abgeflachte Kugelform erreicht (**B**).

Rinde der Zweige

Die runden, schwach längsgerieften Zweige tragen im ersten Jahr ein dichtes, zottig-filziges Haarkleid und wirken dadurch grauweiß. Zwischen den Haaren sind jedoch bereits die ersten hellen Lentizellen zu erkennen, die sich im Periderm entwickeln (**C**). Sobald sich die Haare im zweiten Jahr verlieren, ist die Rinde auf der Schattenseite meist olivgrün, auf der Lichtseite oft rotbraun oder rotviolett überlaufen. An Stellen, an denen sich die Epidermis abhebt, besitzt die Rinde einen metallischen, grauen Glanz. An älteren Zweigen ist die Rinde aschgrau bis graubraun oder hellbräunlich. Die zerstreuten bis zahlreichen Lentizellen sind anfangs rundlich und hell, reißen aber bald längs auf. Später werden sie warzig und braun (**D**).

B

Rinde der Äste und Stämme

Auch die Äste und jungen Stämme sind noch lange vom Oberflächenperiderm bedeckt, das eine matt glänzende, graubraune **Glattrinde** bildet (**E**). Mit der weiteren Dickenzunahme dehnen sich die Lentizellen zu horizontal langgezogenen, etwas erhabenen Wülsten aus (**F**). Mit zunehmendem Stammwachstum entstehen Längsrisse (**G**). Es bildet sich eine **abblätternde Schuppenborke** mit flachen, anfangs rotbraunen, bald graubraun verwitternden, unregelmäßig länglichen bis rechteckigen, abblätternden Schuppen (**H**, **I**). Die unter abgelösten Schuppen zutage tretenden Rindenschichten sind anfangs orangebraun gefärbt (**A**, **J**).

Beachtenswert

Bei wilden oder verwilderten Exemplaren können die Zweige meist einfache Sprossdornen tragen (**D**). Bei Kulturformen sind diese sehr selten. Damit sich höhere Bäume entwickeln, pfropfen Baumschulen die Mispel häufig auf andere Unterlagen, zum Beispiel auf Weißdorn (*Crataegus*), Kultur-Birne (*Pyrus communis*) oder Echte Quitte (*Cydonia oblonga*). Solche Pfropfungen lassen sich nicht nur an der Pfropfstelle, sondern auch an der anders ausgeprägten Rinde der jeweiligen Pfropfunterlage unterscheiden.

Metasequoia glyptostroboides
Urweltmammutbaum

Cupressaceae (Zypressengewächse)

A

Ø 122 cm

Beschreibung

B

Der sommergrüne Nadelbaum stammt aus China. Heute wächst er auch in Mitteleuropa häufig in Parks, oft in der Nähe der auf den ersten Blick ähnlich wirkenden Echten Sumpfzypresse (*Taxodium distichum*). Er wird bis zu 35 m hoch. Da er sich sehr leicht über Stecklinge vermehren lässt, stehen oft genetisch identische Exemplare in den Parks, die sich im Wuchsbild stark ähneln. Junge Bäume haben eine schlanke, pyramidenförmige, alte eine breite, oben abgerundete Krone (**B**). Der Stamm ist an der Basis stark, manchmal fast sockelartig verbreitert und verjüngt sich im Vergleich zu anderen Bäumen sehr rasch (**C**). In Brusthöhe kann er einen Durchmesser von bis zu 2 m erreichen. Unter den Ästen weist er jeweils eine tiefe Aushöhlung – eine Stammkehlung – auf (**C**). Die Äste wirken dadurch, als ob sie nachträglich in den Stamm gesteckt wären. Durch dicke Längswülste zeigt der Stamm einen unregelmäßigen Querschnitt. Das Wurzelsystem ist ziemlich flach und reicht meist über die Projektion der Kronenfläche des Baumes hinaus. Die Wurzeln wachsen nicht aus dem Boden heraus, können jedoch Wegbeläge anheben.

C Ø 85 cm

D

E

F

Ø 4 cm

Rinde der Zweige

Die Rinde der gegenständigen Kurztriebe und der einjährigen Langtriebe ist anfangs grün. Im Herbst, meist zeitgleich mit der Nadelverfärbung, wird sie rotbraun bis gelblichbraun (**D**). Die Kurztriebe fallen im Winter ab. Das Periderm der Langtriebe reißt oft zuerst längs auf und löst sich faserig ab. Dieser Baum bildet keine Lentizellen. Vom zweiten bis zum vierten Jahr verlaufen die Risse an den Zweigen in Ringen. In diesem Zustand ist die Rinde unter der abgelösten Schicht bei näherer Betrachtung von zahlreichen braunen Partikeln bedeckt (**E**).

G

Ø 122 cm

H

Es handelt sich bei diesen für die Art charakteristischen Bildungen um riesige, mit bloßem Auge sichtbare Korkzellen. Mit zunehmender Dicke der Zweige erscheint die Rinde grau bis graubraun.

Rinde der Äste und Stämme

Junge Äste und Stämme sind zunächst von einer orange- bis rotbraunen Borke bedeckt, die in dünnen Platten abblättert. Schon bei nur wenig dickeren Stämmen ist die Oberfläche der sich entwickelnden **Streifenborke** grau bis graubraun und fein längs gefurcht (**F**). Ihre glatten, etwas schimmernden, oberen Schichten lösen sich unregelmäßig in langen, oft um 1–2 cm breiten, dünnen Streifen ab, sodass die darunter liegenden rötlichbraunen Schichten sichtbar werden (**A**, **G**). Oft erhält die Borke durch die mit der Zeit zerfasernden Streifen ein mehr oder weniger struppiges Aussehen (**H**, **I**). Besonders im unteren Bereich des Stammes wirkt sie manchmal wie zopfartig geflochten (**J**) und ist stellenweise fein quer geriffelt oder gewellt (**A**).

Beachtenswert

Die chinesische Volksmedizin verwendet die Rinde und die Blätter dieses Baumes gegen Hautkrankheiten. Die enthaltenen Proanthocyanidine wirken entzündungshemmend.

Parrotia persica

Persischer Eisenholzbaum

Hamamelidaceae (Zaubernussgewächse)

Beschreibung

Der bis zu 6 m große Strauch oder bis zu 12 m hohe Baum stammt aus dem Nordiran und steht in Mitteleuropa häufig als malerisches Solitärgehölz in Parks und gilt als einer der Stadtbäume der Zukunft. Als Baum kann er einen bis zu 0,5 m, selten sogar bis zu 0,8 m dicken Stamm bilden. Dieser verzweigt sich meist schon weit an der Basis und bildet kräftige, bogenförmige Hauptäste, durch die die Baumgestalt sehr breit wird (**B**). Als Strauch bildet das Gehölz viele dicke, ausladende, oft etwas wirr wachsende Äste. Liegen Äste aneinander an, verwachsen sie häufig miteinander. Der Stamm ist oft spannrückig.

B

Rinde der Zweige

Die Peridermbildung setzt im ersten Jahr ein, die Epidermis bleibt jedoch länger auf dem Periderm erhalten. An der Spitze der Zweige ist sie olivgrün bis braun und trägt anfangs feine dunkle und helle Sternhaare. Die dunklen Haare fallen bald ab, die helleren Sternhaare bleiben anfangs oft noch eine Zeitlang erhalten, sodass die Zweige nun bei der Betrachtung mit der Lupe sehr fein punktiert erscheinen (**C**). Meist verliert sich auch dieser Eindruck rasch, die Zweige verkahlen und wirken nun bräunlich oder

C

D

E

graubraun bis graugrün und matt glänzend. Die bei der Peridermbildung anfangs länglichen, hellen Lentizellen werden später rundlich. Meist beginnend an den Lentizellen reißt das Periderm mit zunehmender Dicke der Zweige fein längs auf. Schließlich entstehen rings um den Zweig schwach netzartig verbundene Längsrisse. Die Rücken zwischen den Rissen bleiben noch länger von der Epidermis bedeckt, die selbst zu diesem Zeitpunkt oft noch einzelne helle Haarsternchen trägt. Das Innere der Risse wirkt häufig grünlich (**D**).

Rinde der Äste und Stämme

Die Äste sind anfangs von einem glatten bis schwach rauen, grünlichen, graubraunen oder dunkelbrauen Periderm bedeckt, auf dem immer noch Reste der Epidermis erhalten sein können. Die helleren Lentizellen bilden auffallende, rundliche, etwas erhabene Warzen (**E**). Bei weiterem Dickenwachstum der Äste und Stämme entwickelt sich eine **abblätternde Schuppenborke** (**F**). Die einzelnen Schuppen lösen sich unregelmäßig flächig (**G**). Durch die unterschiedlich alten und dadurch unterschiedlich gefärbten Oberflächen erscheint die Rinde ähnlich scheckig gefleckt wie die der Gewöhnlichen Platane (*Platanus* × *hispanica*). Die äußersten Schuppen sind meist grau, graubraun bis dunkelschwarzbraun oder durch Algen und Flechten grünlich, frisch abgeblätterte Bereiche wirken silbergrau, grün, hellbraun oder beige, sodass sich ein interessanter Farbaspekt ergibt (**H**, **A**). Allerdings bildet die Borke nicht bei allen Exemplaren ein deutlich unterschiedlich

J Ø 26 cm

gefärbtes Patchwork, bei vielen Exemplaren treten nur mehr oder weniger graubraune Borken auf (I). Sowohl die Borkenschuppen als auch die frei gelegten Bereiche zeigen mehr oder weniger viele helle oder bräunliche, rundliche oder etwas quer gestreckte, erhabene Lentizellen, die meist unregelmäßig, aber auch in Längs- oder Querreihen angeordnet sein können (J).

I Ø 19 cm

H

Picea abies
Gewöhnliche Fichte

Pinaceae (Kieferngewächse)

A

Ø 20 cm

C

B

Beschreibung

Der heimische, immergrüne Nadelbaum wächst ursprünglich nur in Wäldern höherer Gebirgslagen. In tieferen Regionen wird er häufig als Forstbaum, oft in Monokulturen, angepflanzt. Er wird meist 30–40 m, gelegentlich bis zu 60 m hoch und bildet eine regelmäßig kegelförmige bis pyramidenförmige Krone mit meist waagerecht oder bogig ansteigenden Ästen und oft hängenden Zweigen (**B**). Der Stamm geht säulenförmig gerade und schlank bis in die Spitze durch. Im Bestand kann er bis in eine Höhe von 20 m astrein sein, bei freiem Stand trägt er oft bis zum Boden Äste. Sein Durchmesser beträgt 0,4–1,2 m, maximal erreicht er 2 m.

Rinde der Zweige

Junge Triebe sind grün, kahl oder höchstens sehr spärlich kurzhaarig. Rasch werden die Zweige gelblichbraun, hellbraun bis rotbraun und verkahlen vollständig. Sie sind anfangs vollständig von dicht an dicht sitzenden, herablaufenden Nadelbasen umgeben und wirken dadurch gefurcht (**C**). Nach Abwurf der Nadeln ist die Oberfläche der Zweige durch die stehenbleibenden Nadelstielchen sehr rau. An diesen Raspelzweigen nimmt die Oberfläche zunehmend eine graue Farbe an (**D**).

Rinde der Äste und Stämme

Dünnere Äste und junge Stämme haben eine relativ dünne Rinde. Anfangs sitzen auch an den Stämmen noch Nadeln auf der Rinde (**E**). Bevor die Borkenbildung beginnt, schilfert das Periderm in feinen Streifen oder Schuppen ab (**F**). Mit der Zeit entwickelt sich eine anfangs hell rötlichbraune, dünne **abblätternde Schuppenborke**. Die mehrere Quadratzentimeter großen Schuppen sind durch kleine

Höcker uneben (**G**). Bei weiterem Dickenwachstum des Stammes rücken sie etwas auseinander (**A**). Mit zunehmendem Alter färbt sich die Oberfläche der Borke grau bis graubraun oder rotbraun (**H**). Ihre rundlichen und länglich-abgerundeten Schuppen werden immer mehr von kleinen, abblätternden Schüppchen bedeckt und können rissig werden (**I**). Besonders an Bäumen am Waldrand blättern die Schuppen nicht einfach ab, sondern sitzen oft noch lange mit etwas hochgebogenen Rändern am Stamm und wirken dadurch schild- oder muschelförmig (**J**). An Schnittflächen und unter abgelösten Schuppen erscheint die Rinde rotbraun (**K**). Ihre Dicke kann 5–50 mm betragen. Manche alten Fichten in den Alpen haben eine ähnliche Rinde wie die Europäische Lärche (*Larix decidua*).

G
Ø 23 cm

H
Ø 59 cm

I
Ø 59 cm

J
Ø 39 cm

Beachtenswert

Die gebogenen Ränder der Borkenschuppen werfen etwas Schatten auf die Stämme. Dies kann dazu beitragen, den Baum an sonnigen Standorten vor zu starken Temperaturschwankungen und Überhitzung zu schützen. Fichtenborke enthält 9–13 % Gerbstoffe. Für Gerberlohe wird sie im Frühjahr von gefällten Stämmen abgeschält. Bei der Fichte verlaufen sowohl im Holz als auch im Bast Harzkanäle (**K**). Das aus stehenden Stämmen austretende Harz erntete man früher in Notzeiten. Das „Scharrharz“ musste abgekratzt, gereinigt und aufbereitet werden, um daraus Kolophonium und Terpentin zu gewinnen.

Picea omorika

Serbische Fichte

Pinaceae (Kieferngewächse)

A

Ø 26 cm

Beschreibung

Dieser 30–40 m hohe, immergrüne Nadelbaum wächst wild nur noch im Tara-Gebirge im Grenzgebiet zwischen Serbien und Bosnien-Herzegowina. In den Gärten und Parks Mitteleuropas zählt er jedoch zu den häufigsten Nadelgehölzen. Er bildet einen bis in die Spitze durchgehenden, geraden Stamm, der bis zu 0,7 m dick werden kann. Die kurzen Äste stehen in Scheinquirlen. Sie bilden eine auffallend schlanke Krone. Dabei hängen die unteren Äste schräg herunter und richten sich, ähnlich wie Skischanzen, vorne wieder etwas auf (**B**).

B

C

Rinde der Zweige

Die jungen Austriebe sind grün und behaart. Mit zunehmendem Alter werden die jungen Zweige hell rötlichbraun, bleiben aber im Gegensatz zur Gewöhnlichen Fichte (*Picea abies*) zunächst kurz und dicht behaart (**C**). Nach Abwurf der Nadeln ist die Oberfläche der Zweige durch die stehenbleibenden Nadelstielchen sehr rau.

Rinde der Äste und Stämme

An den Ästen und Stämmen entwickelt sich eine relativ dünn bleibende, orangebraune bis graubraune **abblätternde Schuppenborke**. Anfangs lösen sich häufig rundliche Schuppen, die durch kleine Höcker uneben sind (**D**). Mit zunehmendem Dickenwachstum der Stämme entstehen schwache Längsrisse, zwischen denen feine, nun eher längliche, oft nur papierdünne Schuppen abblättern (**E**,

F). Häufig entsteht hierdurch ein zartes Streifenmuster auf der Borke (**A**). An dicken Bäumen bildet sie oft unsymmetrische Schuppen.

Pinus nigra

Schwarz-Kiefer

Pinaceae (Kieferngewächse)

Beschreibung

Von diesem immergrünen Nadelbaum gibt es mehrere Unterarten, die sich außer in der ursprünglichen Verbreitung besonders im Wuchs unterscheiden. Sie wachsen wild besonders in den Bergen des nördlichen Mittelmeerraums, allerdings in teils weit voneinander entfernten Arealen. Die in Mitteleuropa am häufigsten angepflanzte Österreichische Schwarz-Kiefer (*Pinus nigra* ssp. *nigra*) bildet einen bis zu 30 m hohen Baum mit kegel- bis eiförmiger Krone und langem, selten ganz geradem Stamm. Dieser ist oft schon in Bodennähe gegabelt ist und kann bis über 1,5 m dick werden (**B**).

B

Rinde der Zweige

Frisch ausgetriebene Zweige sind grüngelb gefärbt. Sobald sie älter werden,

C

D

Ø 4 cm

E Ø 58 cm

F Ø 41 cm

G Ø 56 cm

besitzen sie ein glänzendes, kahles Periderm, das bei der Österreichischen Schwarz-Kiefer gelbbraun, graubraun oder braungrün ist (**C**). Bei anderen Unterarten erscheint es auch orange oder rötlichbraun.

Rinde der Äste und Stämme

Äste und junge Stämme sind anfangs von einer aschgrauen oder bräunlichgrauen, kleinschuppigen Rinde bedeckt. Oft ist sie sehr gleichmäßig strukturiert und erinnert etwas an eine Echsenhaut (**D**). Beim weiteren Wachstum reißt sie mit Längsrissen auf und entwickelt sich zu einer auffallenden, **abblätternden Schuppenborke**. Die Borkenplatten können je nach Unterart hell, silbergrau, dunkel graubraun oder rötlichbraun sein und werden mit zunehmender Dicke des Stammes

I

größer und häufig auch heller (**E**). Im Vergleich zur Wald-Kiefer (*Pinus sylvestris*) sind sie meist kompakter, weisen weniger Querrisse auf und wirken dadurch oft weniger wild. Sie können eine Dicke von bis zu 6 cm erreichen (siehe S. 20). Ihre äußeren Schichten blättern besonders im Frühjahr in unregelmäßigen, puzzleartigen Mustern ab, wodurch auf der verbleibenden Oberfläche ein narbiges Linienmuster entsteht (**A**, **F**). Bei der Österreichischen Schwarz-Kiefer wirkt die Rinde älterer Stämme im geschlossenen Stand auf ganzer Länge schwarz bis aschgrau und weist rötlichbraune Flecken auf (**G**). An sonnigen Standorten erscheint sie aus der Ferne einfarbig hell aschgrau (**H**). Bei dicken Stämmen sind die Rindenplatten weißlich bis gelblichgrau gefärbt. Die langen, unregelmäßig verlaufenden Längsfurchen erscheinen ziegelrot bis rotbraun, später fast schwarz (**I**, **J**). Der Farbeindruck tiefer Furchen entsteht durch die Seitenansichten der Plattenkanten, die mehr oder weniger stark verwittert sind. Im Querschnitt ist die Borke wie bei der Wald-Kiefer (*Pinus sylvestris*) rotbraun mit hellen Linien.

H

J

Ø 80 cm

Pinus sylvestris
Wald-Kiefer

Pinaceae (Kieferngewächse)

Beschreibung

Der heimische, immergrüne Nadelbaum bildet auf Sand- oder Moorböden lichte Wälder, auf fruchtbaren Böden steht er in Mischwäldern und in Forsten. Er kann je nach Herkunft und Standort eine sehr unterschiedliche Wuchsform entwickeln. An schneereichen Standorten bildet er oft eine schmal pyramidenförmige Krone mit feinen Ästen. Auch wenn die Bäume in der Jugend beschattet werden, bilden sie im unteren Stammbereich nur schwache Äste aus. Die Stämme reichen dann meist gerade bis in den Wipfel. Solche Bäume können bis zu 50 m hoch werden und haben auch im höheren Alter nur im oberen Bereich dickere Äste (**B**). An freien, eher schneearmen Standorten bildet der Baum dagegen oft krumme Stämme und dicke, ebenfalls krumme Äste und bleibt viel niedriger. Dann ist seine lockere Krone oft unregelmäßig und mehr oder weniger schirmförmig ausgebreitet (**C**). Der Stamm kann eine Dicke von bis zu 1 m erreichen.

C

Rinde der Zweige

Nur der Jungaustrieb ist grün, rasch werden die Zweige von einem glatten, graugelblichen bis hellbraunen, kahlen Periderm bedeckt. Nach Abfallen der Nadeln

B

D

wirken sie kurzzeitig durch den verbleibenden Kurztrieb und die häutige Nadelscheide rau (**D**). Schon an dünnen Zweigen lösen sich Schichten des Periderms als dünne Schuppen (**E**).

Rinde der Äste und Stämme

Die Rinde in der oberen Hälfte oder in den oberen zwei Dritteln des Stamms sowie der Äste fällt durch eine orange bis fuchsrote oder ockerbraune Farbe auf. Da sie matt glänzt und das Sonnenlicht reflektiert, wird sie auch als **Spiegelrinde** bezeichnet (**F**). Es handelt sich um einen ausschließlich vom Oberflächenperiderm gebildeten **Ringelkork**, dessen Korkschichten sich in elastischen, meist unter 1 mm dicken und am Rand durchscheinend häutigen Schuppen lösen. Sie rollen sich dabei meist papierartig ein oder wirken

E

F

Ø 4 cm

G Ø 18 cm

H

I Ø 18 cm

J Ø 54 cm

pergamentartig (**G**). Gegen die Stammbasis entsteht eine **abblätternde Schuppenborke**, die sich in Farbe und Struktur deutlich unterscheidet (**H**). Sie ist rotbraun bis schwarzgrau gefärbt und kann mehrere Zentimeter dick werden. Dabei ist sie in tiefe, oft noch lange Zeit rotbraune Furchen und grobe Platten gegliedert und wirkt schwammig-porös (**A**, **I**, **J**). Die Platten zeigen im Querschnitt ein interessantes Muster: Zwischen dunklen, über 2 mm dicken Borkensegmenten verlaufen bogenförmige helle Linien (**K**). Diese machen sichtbar, wie die neuen Korkkambien immer tiefer in der Rinde angelegt wurden. Besonders entlang dieser hellen Schichten können sich die Borkenschuppen ablösen. Die Schuppen haften jedoch so aneinander, dass sie dicke Schichten bilden, von denen sich nur außen unregelmäßig puzzleartige, meist um 1 mm dicke Schuppen lösen (**A**). Während sich in der primären Rinde der Zweige noch Harzgänge befinden, verschwinden diese mit der

Borkenbildung. Tritt aus Verletzungen am Stamm Harz aus, stammt dieses nicht aus der Rinde, sondern aus dem Holz (**L**).

Beachtenswert

Bei ausgewachsenen Kiefern schützt die bis 5 cm dicke, harzfreie Borke den unteren Stammbereich gegen Bodenbrände. Solche leichten Waldbrände können in Kiefernwäldern sehr rasch ausbrechen, da sich die trockene Nadelstreu nur schlecht zersetzt und häufig auch trockene Äste auf dem Boden liegen. Sowohl Nadeln wie auch Holz sind – besonders durch das enthaltene Harz – leicht brennbar. Die Asche der Brände düngt die oft nährstoffarmen Böden und kommt somit dem Baum wieder zugute.

Verwandte Art

Bei der im Gebirge an die Stelle der Gewöhnlichen Kiefer tretenden **Haken-Kiefer (*Pinus mugo* ssp. *uncinata*)** sowie der in Mooren des Berglandes wachsenden **Moor-Kiefer (*Pinus mugo* ssp. *rotundata*)** ist die Borke nie fuchsrot, sondern sowohl an Ästen wie auch Stämmen graubraun bis braun oder schwarzgrau (**M**).

M

Platanus × hispanica
Gewöhnliche Platane

Platanaceae (Platanengewächse)

Beschreibung

Die Kreuzung aus der Morgenländischen und der Nordamerikanischen Platane (*Platanus orientalis, Platanus occidentalis*) gilt als idealer Stadtbaum. Sie kommt auch mit verschmutzter Luft und verdichteten Böden gut zurecht und lässt sich gut beschneiden (**B**). Der laubwerfende, raschwüchsige Baum kann eine Höhe von 20–35 m erreichen. Dabei bildet er oft einen ziemlich geraden Stamm, der 2–4 m dick werden kann, häufig Verdickungen aufweist und im Alter häufig hohl wird. Nicht selten wirkt der Stamm, als ob er eine zu große Hose trage, die in Wülsten herab gerutscht ist (**K**). Mit starken Hauptästen entwickelt sich eine hoch gewölbte Krone (**C**). Es sind jedoch sehr viele verschiedene Formen und Klone bekannt, die in ihren Merkmalen stark variieren können.

Rinde der Zweige

Anfangs ist die Rinde der Zweige hellbraunfilzig behaart. Der Filz kann um Knospen und in Zweigrillen länger erhalten bleiben, verschwindet aber auf den Flächen (**D**). Die matt glänzende Rinde junger Zweige ist auf der Schattenseite meist gelb- bis olivgrün oder olivgrau, auf der Sonnenseite rotbraun überlaufen. Die Peridermbildung setzt im ersten Jahr ein. Es entstehen zahlreiche kleine, helle, rundliche Lentizellen (**E**). Mit zunehmendem Wachstum des Periderms färbt sich die Rinde graubraun oder hellbraun, ist aber noch eine Zeit lang von Resten der sich rissig abhebenden Epidermis bedeckt.

B

C

Rinde der Äste und Stämme

An den Ästen und dünnen Stämmen bleibt das gräuliche Oberflächenperiderm anfangs erhalten. Auf der von ihm gebildeten **Glattrinde** befinden sich ziemlich gleichmäßig angeordnete, quer gestreckte, helle Lentizellen (**F**). Mit dem weiteren Dickenwachstum entsteht eine nur bis etwa 5 mm dicke **abblätternde Schuppenborke**. Jedes Tiefenperiderm hat eine Lebensdauer von 3–4 Jahren. Dann wird es durch neue, tiefer liegende Periderme ersetzt, die in recht großflächigen, konkaven Schuppen angelegt werden. Die abgetrennten Borkenbereiche blättern in 1–4 mm dicken, unterschiedlich großen Stücken und Platten ab. Die Platten erinnern mit ihren unregelmäßig gerundeten, aber im Gegensatz zur Kiefer nicht dünn geflügelten Rändern oft an Puzzleteile (**A**, **G**). Sie

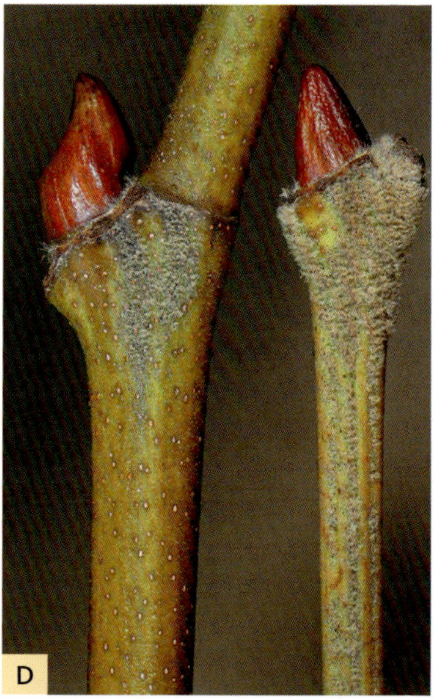

D

E

F

Ø 5 cm

G

H

I

sind durch stark verdickte Zellen holzig-fest. Ihre Oberseite ist mehr oder weniger dunkel graubraun bis graugrün gefärbt. Unter abgestoßenen Schuppen kommt das neue Tiefenperiderm hervor. Die Farbe der freigelegten Schicht variiert je nach Klon von gelblichgrün über hellorange bis fast weiß (**G**, **H**, **I**). Sie erscheint dicht und regelmäßig fein und kurz hell längs gestrichelt, die Lentizellen fallen auf ihr kaum auf (**J**). Bedingt durch die sich zu unterschiedlichen Zeiten ablösenden Borkenstücke entsteht auf den Stämmen und größeren Ästen ein landkartenähnliches Muster mit verschieden dunklen Partien (**H**, **I**). Sehr dicke alte Stämme besitzen besonders an der Basis eine nur noch seltener und kleinflächiger abblätternde, grau- bis rötlichbraune Borke. Deren Schuppen sind dicker und meist länglich geformt (**K**).

Beachtenswert

Die Gewöhnliche Platane gehört zu den Baumarten, die die äußeren Rindenschichten regelmäßig in großen Platten abwerfen. Entsprechend der Lebensdauer der Periderme passiert dies bei dieser Art gewöhnlich etwa alle 3–4 Jahre und nicht im gesamten Stammbereich gleichzeitig, sodass das beschriebene Patchwork entsteht. Ist der Sommer jedoch sehr warm, verdunsten die Bäume sehr viel Wasser. Ähnlich wie wenn man an einem Strohhalm saugt und dabei die Backen schmäler werden, wird der Stamm am Tag durch den starken Wassersog der Krone etwas dünner. Nachts erreicht er wieder seinen normalen Durchmesser. Wissenschaftler haben dies nachgewiesen, indem sie nachts einen Eisenring um den Baum legten, der am folgenden heißen Tag am Stamm hinabrutschte. Die bei diesem Dickenwechsel entstehenden Spannungen sorgen dafür, dass sich die Borkenplatten in größeren Bereichen als sonst üblich vom Untergrund lösen (**L**). Dabei ist manchmal sogar ein deutliches Knacken zu hören. Die großen Platten und langen Streifen hängen am Stamm herab und sammeln sich unter dem Baum. Die großflächig freigelegte Rinde erscheint recht gleichmäßig hell, da sie praktisch nur aus dem aktuellen Periderm besteht (**B**). Dem Baum schadet dieser massive Borkenabwurf nicht.

Platanenrinde enthält bis zu 2,5 % Betulinsäure, eine Triterpen-Carbonsäure. Dieser Naturstoff wirkt in Laborversuchen gegen Hautkrebszellen und AIDS-Viren. Wissenschaftler hoffen, daraus entsprechende Arzneimittel herstellen zu können. Betulinsäure lässt sich zwar auch über ein mehrstufiges chemisches Verfahren aus dem Betulin der Birkenrinde gewinnen. Aus der Platanenborke ist sie jedoch besonders einfach und umweltschonend als Reinstoff erhältlich, ohne dass die Bäume gefällt werden müssen: Unter normalen Bedingungen wirft eine große Platane pro Jahr mehrere Kilogramm Borke ab, aus der sich nach einem patentierten Verfahren die Betulinsäure direkt abtrennen lässt (**M**).

Verwandte Art

Bei den beiden Stammarten, die in Mitteleuropa nur selten anzutreffen sind, blättert die Borke über lange Zeit sehr ähnlich wie bei der Gewöhnlichen Platane in großen, dünnen Platten ab. Bei der **Morgenländischen Platane** (***Platanus orientalis***) entstehen an dicken Stämmen jedoch ziemlich weit hinauf kleine, ziemlich regelmäßige, dickere Platten, die meist etwa so lang wie breit sind und sich nur noch seltener ablösen (**N**). Bei der **Abendländischen Platane** (***Platanus occidentalis***) sind die freigelegten Bereiche immer sehr hell, fast weiß. Da dies jedoch auch bei vielen Formen der Gewöhnlichen Platane der Fall ist, lässt sich die Abendländische Platane nicht alleine an diesem Merkmal erkennen.

N Ø 100 cm

Populus alba

Silber-Pappel

Salicaceae (Weidengewächse)

A

Ø 41 cm

Beschreibung

Der heimische, sommergrüne Laubbaum kann bis zu 35 m hoch werden. Wild wächst er besonders im Bereich größerer Flüsse, als Bodenbefestiger wird er auch an Hängen und auf Dünen gepflanzt. Steht er frei, bildet er eine breit-elliptische Krone. Sein Hauptstamm bleibt dann häufig kurz und die Krone bildet sich aus wenigen starken, unregelmäßig ansitzenden, ansteigenden Ästen (**B**). Im Bestand werden die geraden Stämme länger, die Äste setzen höher an und bilden eine eher dachartige Krone (**C**). Es gibt auch eine Sorte (*Populus alba* 'Pyramidalis'), die schmal säulenförmig und mit durchgehendem Stamm wächst. Meistens werden die Stämme 0,5–0,6 m, gelegentlich aber auch 1,5–2 m dick. Der Baum kann Stockausschläge und Wurzelbrut bilden.

B

C

Rinde der Zweige

Die jungen, stielrunden Zweige tragen anfangs einen weißen bis grauen Haarfilz (**D**, rechter Zweig). Dieser löst sich spätestens im zweiten Jahr und bleibt dann höchstens noch an der Basis der Knospen erhalten. Unter dem Filz sind die Zweige glänzend graugrünlich bis olivbraun oder gelblich (**D**, linker Zweig). Später werden sie grau bis dunkel graubraun. Das Oberflächenperiderm, das sich schon im ersten Winter zu entwickeln beginnt, zeigt spärlich kleine, runde, hellbraune Lentizellen.

D

E

Ø 4 cm

Rinde der Äste und Stämme

Auch mit zunehmender Dicke der Äste oder Stämme bleiben diese lange von einer matt glänzenden **Glattrinde** bedeckt. Die Lentizellen werden zunehmend rautenförmig und reißen mit einem helleren Längsspalt auf (**E**). Im Gegensatz zu Birke (*Betula*) und Rot-Buche (*Fagus sylvatica*) entwickelt sich jedes Jahr ein neues Tiefenperiderm, das eine dünne Korklage nach außen abgibt. Selbst bei geringer Dicke der Rinde liegen deshalb viele Periderme übereinander. Die Rinde wird zunehmend weiß oder hell weißgraugrünlich. Oft sind leicht erhabene Querzonen vorhanden. Von den Lentizellen ist zumindest ein Teil in waagrechten Bändern angeordnet (**F**). Mit zunehmendem Stammdurchmesser werden die

F

anfangs kleinen Lentizellen größer, reißen immer weiter auf und verbinden sich sowohl horizontal wie auch vertikal miteinander (**G**). Sie fallen als dunkelgraue bis schwarze, bis weit über 1 cm große Rhomben auf der Rinde schon von weitem auf. Es können auch Lentizellen unterschiedlicher Größe im gleichen Rindenbereich sitzen (**A**). Die Partien zwischen den Rhomben bleiben noch lange ausschließlich vom glatten Periderm bedeckt. An Stellen mit größeren Astnarben zeigt der Stamm sehr auffällige, dunkelgraue bis schwarze, in flachen oder steilen Winkeln nach unten verlaufende Chinesenbärte (**H**).
Erst ältere Bäume bilden an der Basis auf dem ganzen Umfang eine raue, dunkelgraue bis fast schwarze, längsfurchige, rissige, haftende Schuppenborke. Da die Tiefenperiderme nun sehr unregelmäßig verlaufen und unterschiedlich mächtige Korklagen produzieren, entstehen mehrere Zentimeter dicke Längswülste (**I**). Auch bei alten Silber-Pappeln beschränkt sich diese Borkenbildung gewöhnlich auf die untersten Meter des Baumes, sodass die Stammbereiche darüber hell bleiben (**B**).

Beachtenswert

Die weiße Färbung entsteht nicht wie bei der Birke (*Betula*) durch ein Pigment, sondern durch Reflexion des Lichtes an den toten Korkzellen, in denen Luft eingelagert ist. Pappelrinden enthalten das besonders aus Weidenrinden bekannte Salicin (siehe S. 311) sowie Populin. Die Rinde der Silber-Pappel wurde früher

gegen Harnbeschwerden, Ischiasleiden und Fieber eingesetzt. Heute spielt sie noch in der Tierheilkunde bei Erkrankungen des Bewegungsapparates eine Rolle.

I Ø 56 cm

Verwandte Art

Die **Grau-Pappel (*Populus × canescens*)**, ein natürlicher Bastard aus Silber- und Zitter-Pappel (*Populus tremula*), ähnelt im Aussehen meist der Silber-Pappel, zeigt aber viele Übergangsformen zu den beiden Stammarten. Ihre Krone ist oft wenig verzweigt, anfangs kegelförmig, später rundlicher. Die jungen Zweige sind schwach behaart oder weißfilzig, unter dem Filz grün bis rötlich. Später werden sie dunkelgrau, olivgrau oder dunkelbraun. An dickeren Zweigen und Stämmen leuchtet das Periderm häufig weißgrau (siehe S. 6 und 25). Es entspricht dann jenem der Silber-Pappel. Seltener ist es gelbgrau bis hellgrün gefärbt und erinnert eher an die Zitter-Pappel. Die wie bei den Elternarten nur im unteren Bereich entstehende Borke kann fein längsrissig bis stark gefurcht sein.

J Ø 45 cm

Populus × canadensis

Bastard-Schwarz-Pappel

Salicaceae (Weidengewächse)

Beschreibung

Es handelt sich um verschiedene natürliche und künstliche Kreuzungen der Schwarz-Pappel (*Populus nigra*) mit der Karolina-Pappel (*Populus deltoides*) und um Sorten dieser Kreuzungen. Sie werden vegetativ vermehrt, wobei die Klone ein sehr einheitliches Erscheinungsbild aufweisen. Förster pflanzen sie in Reihen an Flussufer oder in Alleen sowie in Plantagen. Der Baum bildet einen bis zu 35 m hohen, bis zu 2 m dicken, meist sehr gerade durchgehenden Stamm. Er trägt nur wenige kräftige, mehr oder weniger steil aufwärts strebende Äste, wodurch eine schmale bis breit eiförmige Krone entsteht (**B**). Ältere Bäume verlieren bis zu 10 m weit hinauf ihre unteren Äste durch natürliche Astreinigung.

B

Rinde der Zweige

Die Rinde junger Zweige ist meist glänzend orangebraun, seltener dunkler braun bis olivbraun, meist kahl oder seltener fein behaart und fasert im Gegensatz zur Schwarz-Pappel nicht ab (**C**). Sie besitzt helle, spindelförmige oder strichförmige,

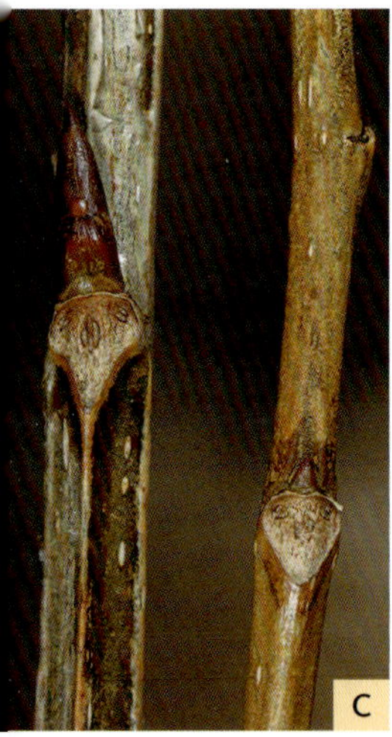

C

D

E

Ø 25 cm

längs orientierte Lentizellen. Meistens treten zumindest bei einem Teil der Zweige mehr oder weniger ausgeprägte Korkrippen auf, wodurch sie etwas kantig werden (**C** links, **D**).

Rinde der Äste und Stämme

Anfangs ist die Rinde der Äste und jungen Stämme hellgrau oder weißlich. Die Borkenbildung setzt meistens sehr viel früher ein als bei der Silber- und Zitter-Pappel (*Populus alba, Populus tremula*). Sie beginnt im Bereich der Lentizellen, die sich dadurch zu Rauten mit Längsriss vergrößern. Ausgehend von diesen Bereichen reißt die Rinde mit Längsrissen weiter auf (**E**, **F**). Mit zunehmendem Alter entwickelt sich eine sehr dicke, tief rissige, aschgraue bis graubraune **haftende Schuppenborke.** Im Unterschied zur Schwarz-Pappel (*Populus nigra*) verlaufen ihre Wülste und Furchen meist mehr oder weniger vertikal. Horizontale oder schräg verlaufende

Korkwülste fehlen oder sind nur undeutlich ausgebildet (**G**, **H**). Bereits bei einem Stammdurchmesser von 20 cm erreichen die Borkenwülste eine Dicke von ca. 2,5 cm, der darunter liegende lebende Rindenzylinder etwa 1 cm (**I**). An alten Bäumen sind die einzelnen Borkenlagen an den Furchenrändern oft etwas voneinander gelöst und wirken schieferartig geschichtet, blättern aber nicht ab (**A**, **J**).

Bemerkenswert

Die Bildung von Korkrippen an den Zweigen hat diese Hybride von der Karolina-Pappel übernommen, bei der die jungen Zweige immer solche Rippen und ein glattes, nicht abfaserndes Periderm tragen.

Nur anhand der Rinde lassen sich Hybrid-Pappeln nicht immer eindeutig von artreinen Schwarz-Pappeln unterscheiden. Frei stehende Pappeln fallen oft durch einen üppigen und vielfältigen Flechtenbewuchs auf (**K**).

Populus nigra

Schwarz-Pappel

Salicaceae (Weidengewächse)

Beschreibung

Der bis über 30 m hohe, sommergrüne Laubbaum wächst hauptsächlich entlang von Flüssen und in Auen. Er bildet einen mehr oder weniger krummen, meist wulstigen, bis zu 2 m dicken Stamm und eine breite, unregelmäßige Krone mit starken, schief aufrecht wachsenden Ästen. Im Alter wirkt er knorrig (**B**) und erinnert etwas an eine alte Stiel-Eiche (*Quercus robur*). Bei der häufig gepflanzten Pyramiden-Pappel (*Populus nigra* 'Italica') handelt es sich um eine sehr rasch und schlank säulenförmig wachsende Varietät der Schwarz-Pappel (**C**). Ihr Stamm verzweigt sich meistens früh, sodass neben den Hauptstamm aus aufwärts wachsenden Ästen dicke Nebenstämme entstehen. Die Enden ihrer oberen Äste frieren häufig ab oder werden morsch.

B

C

Rinde der Zweige

Die Rinde junger Zweige ist kahl, gelegentlich an der Spitze behaart, im ersten Jahr gelb, hellgelbbraun, grün oder rötlich (**D**), im zweiten Jahr olivgrau bis bleigrau mit einem leicht gelblichen Farbeinschlag oder ockerfarben. Sie trägt runde bis ovale, mehr oder weniger gleichmäßig verteilte Lentizellen. Da sich keine Korkrippen bilden, besitzen die Zweige einen runden Querschnitt. Die Epidermis löst sich netzartig (**E**) und fasert in feinen Streifen ab.

Rinde der Äste und Stämme

D

E

Mit dem weiteren Wachstum reißt – ausgehend von den Lentizellen – die anfangs glatte, etwas glänzende, weißgraue bis graubraune Rinde der Stämme und Zweige auf und wird borkig (**F**). Zuerst weist die Borke besonders längs verlaufende Risse auf. Später entwickelt sie sich bis in höhere Regionen des Stammes zu einer tieffurchigen, grau- bis dunkelbraunen, bis zu 8 cm dicken, haftenden Schuppenborke mit weitmaschigen, groben, X-förmigen (**A**, **G**, **H**) oder mehr oder weniger horizontal verlaufenden Wülsten und Rippen (**I**). Diese verleihen der Borke ein unordentliches, fast turbulentes Erscheinungsbild. Die einzelnen Schuppen der insgesamt korkartigen Borke haften fest aufeinander. Der Name des Baumes geht auf die im Vergleich zu anderen Pappelarten dunkel gefärbte Borke zurück.

Beachtenswert

Besonders die Stammbasis ist oft mit zahlreichen Maserknollen besetzt (**J**). Dann sind die beschriebenen Borkenstrukturen nur kleinräumig zu erkennen. Außerdem bildet der Baum zahlreiche Wasserreiser, die den Stamm verdecken können (**B**). Die Säulen-Pappel entwickelt meistens weniger Maserknollen, dafür aber fast regelmäßig stark hervortretende, brettartige Wurzelanläufe direkt an der Stammbasis (**K**). Diese Brettwurzeln gehen in ein flach streichendes Wurzelsystem über, dessen Starkwurzeln ähnlich lang werden können wie der Stamm hoch ist. Auch weiter weg vom Stamm drängen sich häufig noch dicke, eine ähnliche Borke wie der Stamm tragende Flachwurzeln aus dem Boden, die das Erdreich und sogar Straßenbeläge heben können.

F

Ø 6 cm

Wissenschaftler haben festgestellt, dass die Rinde Schwermetalle aus der Luft anreichert. Der Baum kann deshalb als Bioindikator für Luftverunreinigung in Städten und Industriegebieten eine

G

H Ø 44 cm

I

Alternative zu den üblicherweise als Indikatorarten verwendeten Flechten wie die Gewöhnliche Gelbflechte (*Xanthoria parietina*) und die Helm-Schwielenflechte (*Physcia adscendens*) sein. Dies besonders dann, wenn die Flechten aufgrund extremer Umweltbedingungen nur spärlich vorhanden sind oder ganz fehlen.

J Ø 70 cm

K

Populus tremula

Zitter-Pappel, Espe

Salicaceae (Weidengewächse)

A

Ø 19 cm

Beschreibung

Das heimische, sommergrüne Laubgehölz zählt zu den raschwüchsigen Pioniergehölzen. Es wächst als großer Strauch oder 15–25 m, gelegentlich bis zu 35 m hoher Baum (**B**) und kann reichlich Wurzelbrut bilden. Der durchgehende, meist ziemlich gerade wachsende, zylindrische Stamm wird meist 0,6–0,8 m, selten bis über 1 m dick. Im Alter entsteht bei freiem Stand eine breite, rundlich-ovale, lichte Krone mit kräftigen Ästen. Tote Äste bleiben lange erhalten.

Rinde der Zweige

Das Periderm wird früh angelegt. Die Rinde der jungen, rundlichen Zweige ist kahl, im ersten Jahr glänzend gelb- bis rotbraun und mit wenigen, anfangs hellbraunen bis weißlichen, strichförmigen Lentizellen besetzt (**C**). Die Epidermis kann sich bereits zu diesem Zeitpunkt als helles Häutchen ablösen. Ab dem zweiten Jahr wird die Rinde grau, graubraun, olivgrau oder schwärzlich grau, die Lentizellen erscheinen grau oder braun, punktförmig, rund und warzig (**D**).

Rinde der Äste und Stämme

Ähnlich wie bei der Silber-Pappel (*Populus alba*) bleiben auch bei dieser Art die Äste und Stämme mit zunehmender Dicke lange von einer **Glattrinde** bedeckt. Im Gegensatz zu Birke (*Betula*) und Rot-Buche (*Fagus sylvatica*) entwickelt sich jedes Jahr ein neues Tiefenperiderm, das eine dünne Korklage nach außen abgibt. Bei

B

C

einer Dicke von weniger als 5 mm können 30 Periderme übereinander liegen und so eine gelblichbraune bis olivgraugrüne oder grauweiße, glatte Borke mit grünlichem Einschlag bilden. Oft sind leicht erhabene Querzonen vorhanden (**E**). Im Bereich abgestorbener Äste entwickeln sich deutliche, hell- bis dunkelgraue Chinesenbärte (**F**). Mit zunehmendem Stammdurchmesser reißen die Lentizellen längs auf (**G**). Sie entwickeln sich dabei zu auffälligen, rauen, dunkelgrauen Rauten mit einem besonders anfangs oft hellbraunen Längsstreifen. Häufig bilden sie waagerechte, dunkle, fast schwarze Bänder und können sich längs miteinander verbinden (**A**, **H**). Die Partien zwischen den Rauten bleiben noch lange ausschließlich von glatter Borke bedeckt.

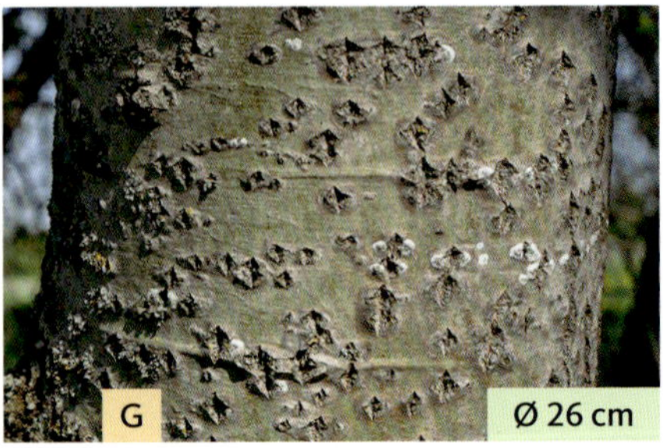

G Ø 26 cm

I Ø 59 cm

Gewöhnlich entwickelt sich höchstens im unteren Stammbereich eine dunkelbraune bis schwarzgraue **haftende Schuppenborke** (I). Ihre Längsrisse sind in der Regel weniger tief als die der Silber-Pappel. Häufig bleiben selbst in Bereichen mit Schuppenborke noch Reste der glatten Borkenbereiche erkennbar (J).

Beachtenswert

Der grünliche Farbton entsteht durch Einlagerungen von Chlorophyll in der Rinde (**A**, **G**).

H Ø 18 cm

J Ø 40 cm

Prunus avium

Vogel-Kirsche, Süß-Kirsche

Rosaceae (Rosengewächse)

A

Ø 20 cm

Beschreibung

Von dem bis zu 20 m hohen, heimischen, sommergrünen Laubbaum existieren zahlreiche Zuchtsorten. Im Wald und am Waldrand wächst die Wildform häufig mit einem gerade bis in eine breit kegelfömige Krone durchgehenden, zylinderförmigen Stamm. Besonders bei freiem Stand bleibt der Stamm dagegen sowohl bei der Wildform als auch bei den meisten Sorten kurz und verzweigt sich früh in kräftige, auswärts strebende Äste. Dadurch entsteht eine breite, rundliche Krone (**B**). Auch Exemplare, die bereits von der Basis an mehrstämmig wachsen, sind nicht selten. Bei alten Bäumen kann der Stamm bis zu 0,8 m dick werden.

B

C

Rinde der Zweige

Die Rinde der runden oder etwas gerieften Zweige ist kahl, anfangs graugrün bis rotbraun gefärbt. Das Periderm wird bereits im ersten Jahr angelegt. Bereiche, an denen sich darüber die abgestorbene Epidermis löst, wirken hellgrau. Das darunter hervorkommende Periderm ist hell bis dunkel rotbraun (**C**). Ältere Zweige sind ausschließlich von braunem, später grauem Periderm bedeckt. Die zerstreuten Lentizellen sind hell, quer orientiert (**D**). An dickeren Zweigen vereinigen sich die Lentizellen zu deutlichen Querbändern.

Rinde der Äste und Stämme

Das Oberflächenperiderm ist sehr langlebig. Anfangs bildet es eine dünne, glatte, anfangs silbergraue bis graurosa oder rötlichbraune, leicht glänzende **Glattrinde**,

D Ø 3 cm

die mit schmalen, quer verlaufenden Lentizellen versehen ist. Mit zunehmender Dicke der Stämme entsteht bald ein immer noch leicht glänzender, grau- oder rötlichbrauner **Ringelkork** (**A**, **E**). Bei diesem lösen sich bandförmige, zähe, meist ziemlich dünne Schichten ab und rollen sich seitlich ein (**F**). Sie lassen sich leicht in horizontaler Richtung abziehen. Die Innenseite dickerer abgerollter oder abgezogener Streifen ist zumindest anfangs oft braunrot gefärbt (**G**). Im Alter wird die Oberfläche oft auch schwarzgrau und zeigt purpurrote Bereiche. Die Lentizellen bilden nun deutlich erhabene, körnig wirkende Querleisten oder -bänder (**H**). Erst spät entstehen auch Borkenbereiche an den Stämmen, manchmal nur an der Basis, besonders an alten, dicken Stämmen aber oft über den

E Ø 14 cm

F Ø 23 cm

gesamten Stammbereich verteilt. Diese **haftende Schuppenborke** ist schwarzgrau, rau und weist ungleiche, in der Tiefe oft rötlichbraun gefärbte Längsrisse auf (**I**). Sobald sich die Borke unter dem Ringelkork zu entwickeln beginnt, kann die Oberfläche an den Lentizellenleisten zu breit gezogenen Netzstrukturen aufreißen (**J**).

Beachtenswert

Aus der Rinde fließt häufig ein dunkler Gummi, der bernsteinartig eintrocknet (**K**). Dieser Kirschgummi besteht aus verschiedenen Zuckerarten, dem Enzym Peroxydase und phenolischen Substanzen. Er löst sich nicht vollständig in Wasser. Als Mittel gegen Husten und Halsschmerzen lutschten Kranke früher ein Stück des Gummis oder tranken es mit Wein vermischt. Es

G Ø 18 cm

H Ø 34 cm

I

diente auch ähnlich wie Gummi arabicum als Bindemittel und Klebstoff. An den Stämmen und Früchten von Pfirsich (*Prunus persica*) und Pflaume (*Prunus domestica*) kann ein sehr ähnlicher Gummi entstehen, der entsprechend als Pfirsichgummi oder Pflaumengummi bezeichnet wird.

J Ø 68 cm

K

Verwandte Arten

Kirschen mit besonders attraktiv gefärbten Glattrinden besitzen in winterlichen Parks und Gärten einen hohen Zierwert. Besonders auffällig ist die rotbraune, glänzende Rinde der ***Mahagoni-Kirsche (Prunus serrula)***, die wie das Holz des tropischen Baumes schimmert, auf den ihr Name zurückgeht (**L**). Die Rinde der **Amur-Kirsche (*Prunus maackii*)** hat dagegen eine eher kupfer- bis bernsteinfarbige Rinde (**M**).

L Ø 10 cm

M

Prunus domestica
Kultur-Pflaume

Rosaceae (Rosengewächse)

Beschreibung

Von dem sommergrünen Laubgehölz existieren mehrere Unterarten und viele Sorten, die als Obstgehölz kultiviert werden und gelegentlich verwildern. Sie wachsen als 6–10 m hohe Bäume oder große Sträucher. Der Stamm kann einen Durchmesser von 0,5–0,6 m, selten über 0,8 m erreichen. Meistens entwickeln sich mehrere steil aufstrebende Leitäste, die eine breite, rundliche oder pyramidenförmige Krone entstehen lassen. Diese wird zunehmend sparrig, setzt sich aus vielen dicht stehenden Ästen und Zweigen zusammen und wirkt häufig besenartig (**B**). Wilde oder verwilderte Formen besitzen häufig verdornende Zweige. Kultursorten werden vegetativ durch Pfropfung vermehrt.

B

C

Rinde der Zweige

Die Rinde der einjährigen Zweige ist bei den meisten Unterarten und Sorten kahl, bei der Hafer-Pflaume (ssp. *insititia*) jedoch kurz samtig behaart. Auf der dem Licht zugewandten Seite ist sie bei den meisten Sorten olivgrün bis braunrot, auf der Schattenseite grün. Das Periderm wird bereits im ersten Jahr angelegt. Eine eventuell vorhandene Behaarung verliert sich in der Regel spätestens im zweiten Jahr. Die Zweige werden nun gräulich bis graubraun (**C**). Die rundlichen Lentizellen fallen anfangs kaum auf. Später werden sie deutlicher.

Rinde der Äste und Stämme

Die Rinde der Äste und jungen Stämme ist rötlichgrau, braungrau oder dunkelgrau und bis auf die waagerecht gestreckten Lentizellen ziemlich glatt und matt glänzend (**D**). Diese vom Oberflächenperiderm gebildete **Glattrinde** bleibt bei der Pflaume viel weniger lang erhalten als bei der Süß-Kirsche (*Prunus avium*). Die weitere Entwicklung der Rinde verläuft jedoch etwas ähnlich wie bei der Süß-Kirsche, allerdings ohne dass sich ein ausgeprägter und langlebiger, den ganzen Stamm umfassender Ringelkork entwickelt. Vielmehr entstehen früh Strukturen,

wie sie bei alten Kirschbäumen auftreten: Es bilden sich flache, in der Tiefe oft rötlichbraun gefärbte Längsrisse (**E**, **F**). Zwischen diesen kann das Oberflächenperiderm zu breit gezogenen Netzstrukturen aufreißen. Mit der Zeit entsteht eine graubraune bis schwarzbraune **Schuppenborke**. Die Schuppen, die außen stellenweise immer noch vom Kork des Oberflächenperiderms bedeckt sind und dessen Lentizellen zeigen, können durch Querrisse unregelmäßig geteilt werden (**A**). Sie heben sich allmählich seitlich ab oder rollen in kurzen Stückchen ab (**G**). Dabei können sich mit der Zeit auch mehrere Lagen von einer Schuppe lösen, wodurch ein unordentlicher Eindruck entsteht. Alte Stämme zeigen eine stark, aber flach und unregelmäßig rissige Borke (**H**).

Verwandte Art

Beim **Pfirsich (*Prunus persica*)** sind die oft etwas kantigen, kahlen Zweige anfangs auf der dem Licht zugewandten Seite intensiv rot gefärbt, auf der Schattenseite grün (**I**). Sie sind sehr dicht und gleichmäßig mit winzigen weißen Punkten versehen. Die weitere Entwicklung der Rinde verläuft sehr ähnlich zu jener der Pflaume, sodass sich diese an der Borke kaum unterscheiden lassen. Die Farbe des Oberflächenperiderms oder seiner Reste auf der Borke kann beim Pfirsich manchmal kräftiger, fast dunkelrotbraun bis schwärzlichrot sein (**J**). Häufig ist sie jedoch graubraun, rötlichgrau oder dunkelgrau wie bei der Pflaume. Die Rinde enthält giftige, Blausäure abspaltende Glykoside wie Amygdalin. Die Volksmedizin verwendete sie früher gegen Spulwürmer und bei Fieber.

I

J

Prunus padus

Gewöhnliche Traubenkirsche

Rosaceae (Rosengewächse)

Beschreibung

Das heimische, sommergrüne Gehölz gedeiht besonders in Auen- und Bruchwäldern, steht aber auch als Zierbaum in Gärten und Parks. Es wird bis zu 10 m, selten bis zu 18 m hoch. Meistens wächst es als schon von unten mehrstämmiger Baum oder großer Strauch mit Wurzelschossen und Wurzelbrut. Die Stämme wachsen gerade. Bei baumförmigen Exemplaren sind Durchmesser von mehr als 0,6 m bekannt. Die Krone junger Bäume ist kegelförmig und schlank mit meist aufrechten Ästen. Alte Bäume besitzen bogig aufsteigende Äste und entwickeln eine tief ansetzende, rundliche oder breit säulenförmige Krone (**B**). Die schlanken Zweige sind etwas überhängend oder abstehend.

Rinde der Zweige

Die jungen, runden Zweige sind kahl oder anfangs fein behaart. Dann verlieren sie bald die meisten Haare und zeigen höchstens an den Spitzen noch eine kurze Behaarung und am oberen Rand der Blattnarben ein kleines Haarbüschel. Auf der dem Licht zugewandten Seite sind sie meist glänzend braun bis rotbraun, auf der Schattenseite olivgrün, grünlich bis ockerfarben, matt oder leicht glänzend. Das Periderm wird bereits im ersten Jahr angelegt. Die zahlreichen Lentizellen sind anfangs klein, werden aber bald größer und fallen bereits an jungen Zweigen deutlich auf. Sie erscheinen hell ockerfarben oder weißlich, rundlich oder schwach längsoval (**C**).

B

C

Rinde der Äste und Stämme

Die Äste und jungen Stämme sind dunkelbraun bis schwarzbraun, zum Teil auch grau bis graubraun oder violettgrau. Die Lentizellen werden zunehmend warzig und hellbraun bis grau und reißen mit einem Längsspalt auf (**D**). Das Oberflächenperiderm bleibt fast immer über die ganze Lebenszeit des Baumes erhalten. Auch dickere Äste und der Stamm sind deshalb von einer rötlichbraunen bis schwarzbraunen Glattrinde bedeckt, die bis auf die auffälligen, nun hell ockerbräunlichen bis rostfarbenen, deutlich erhabenen Lentizellen fast glatt ist (**A**, **E**). Im Gegensatz zur Süß-Kirsche (*Prunus avium*) dehnen sich die Lentizellen nicht in die Breite aus. Dickere Stämme, die mehr oder weniger mit Flechten und Algen bewachsen sind, erinnern

D Ø 4 cm

E Ø 26 cm

F

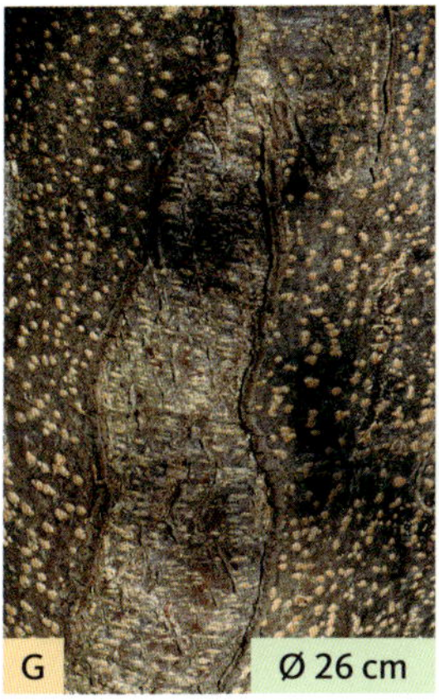

aus der Ferne etwas an jene einer Rot-Buche (*Fagus sylvatica*), sind jedoch auch in diesem Stadium an den deutlichen Lentizellen zu unterscheiden (**F**). Höchstens an alten Bäumen reißt die Glattrinde etwas auf (**G**). Es entwickelt sich eine dünne, schwarzgraue Borke mit schwachen Längsrissen.

Beachtenswert

Manchmal sind Stämme, Äste oder sogar der ganze Baum von seidigen, hellen Gespinsten überzogen (**H**). Sie stammen von Traubenkirschen-Gespinstmotten (*Yponomeuta evonymella*), die sich von Blättern und Trieben des Gehölzes ernährt haben. Ihre Gespinste sind so fest, dass sie sich wie Tapeten in Bahnen abziehen lassen und häufig noch im Jahr nach dem Befall die Rinde bedecken.
Die Rinde enthält giftige Blausäureglykoside wie Amygdalin, das auch in den Samen vorkommt. Beschädigte oder frisch geschälte Rinde riecht deshalb bittermandelartig und etwas widrig-scharf. Auch andere Arten der Gattung *Prunus* enthalten solche Blausäure abspaltenden Glykoside. Beim Trocknen verliert sich der Geruch. Homöopathen setzen potenzierte Zubereitungen aus der Rinde der Traubenkirsche gelegentlich gegen Kopfschmerzen, Herzbeschwerden und Mastdarmleiden ein.
Norweger färbten früher Wolle mit der im Herbst gesammelten Rinde. Mit Alaun gebeizt färbt sich die Wolle orange, mit Eisensulfat gebeizt dunkelbraun. Für die Färbung sind Flavonglykoside des Quercetins und des Kämpferols sowie Gerbstoffe auf Basis von Tannin und Catechin verantwortlich.

Verwandte Art

Die aus Nordamerika stammende **Spätblühende Traubenkirsche *(Prunus serotina*)**, die sich als invasive Art in Mitteleuropa ausbreitet, bildet früh eine Schuppenborke (**I**).

Pseudotsuga menziesii

Gewöhnliche Douglasie

Pinaceae (Kieferngewächse)

Beschreibung

Der immergrüne Nadelbaum kann in seiner nordamerikanischen Heimat bis über 80 m hoch werden und Stammdurchmesser von 1,5–2 m, selten sogar bis zu 4 m erreichen. In Europa wird er im Forst bis zu 60 m hoch. Er bildet einen durchgehenden, geraden Stamm und eine schlanke, kegelförmige, regelmäßige Krone. Im Alter wird die Krone unregelmäßiger und flacher (**B**). Im Bestand verlieren die Bäume dann ihre unteren Äste.

Rinde der Zweige

Junge Zweige sind grünlich, gelblich oder rötlich gefärbt, meist kahl, seltener sehr fein behaart. Ihre Epidermis reißt bald mit feinen Längsrissen auf (**C**). Nach Abfall der Nadeln werden die Zweige grau und rau. Sie zeigen aber noch die kleinen, runden Blattnarben.

Rinde der Äste und Stämme

Bis zu einer Dicke von 10 cm, gelegentlich auch bis zu 30 cm sind die Stämme von einem Oberflächenperiderm bedeckt. Dieses hat damit eine Lebensdauer von bis zu 35 Jahren. Zu diesem Zeitpunkt erreichen Periderm und innere Rinde zusammen eine Dicke von 6–20 mm. Die Oberfläche dieser **Glattrinde** ist olivgrün bis silbergrau, etwas schimmernd und mit sehr zahlreichen elastischen Harzbeulen übersät (**D**, **E**). Mit stärkerem Druck oder mit einem spitzen Gegenstand lassen sich diese leicht öffnen und geben dann reichlich einen stark nach Zitronen oder Orangen duftenden, harzartigen Balsam ab. Mit zunehmender Stammdicke wird die Rinde dunkel graubraun und reißt längs auf (**F**). Es entwickelt sich eine immer mächtiger werdende, tief und grob aufreißende, korkreiche **Schuppenborke**, die dunkel rotbraun, grau oder grauschwarz gefärbt ist. Die erhabenen Längsrippen sind nur unregelmäßig miteinander verbunden. Schmale Querrisse zerteilen sie in

B

C

D

E Ø 20 cm

kleine, dicke, dicht anliegende, dunkel rotbraune bis graubraune Schuppen, die manchmal abblättern (**I**, **J**). In den Furchen erscheint die Borke beige bis kräftig hellbraun (**A**, **G**, **H**, **I**). Bei alten Bäumen und an der Basis zerklüftet die Borke immer mehr und wird immer unregelmäßiger. Sowohl Rippen als auch Furchen können nun zunehmend gräulich oder graubraun werden. Die Längsfurchen bleiben in der Tiefe meist heller, der Kontrast ist jedoch nicht mehr so deutlich (**K**). Im Querschnitt zeigt die Borke viele verschiedenfarbige, konkave Zonen. Das tote sekundäre Phloem ist rötlichbraun gefärbt, der Kork gelblich (**L**). An alten Bäumen kann die Borke eine Dicke von mehr als 10 cm, an der Stammbasis sogar mehr als 30 cm erreichen.

Beachtenswert

Die extrem dicke Borke schützt den Baum gegen Waldbrände, die in seiner Heimat häufig auftreten.

F Ø 31 cm

Douglasienborke besteht zu 25–50 % aus Kork. Während des 2. Weltkriegs entwickelten die Vereinigten Staaten Methoden, diesen Kork von den weiteren Borkenbestandteilen zu trennen. Zu dieser Zeit konnten sie kaum Kork der Kork-Eiche aus den Mittelmeerländern

G

H

einführen. Am einfachsten gelang ihnen die Korkgewinnung auf mechanische Weise, indem sie die Borke zerkleinerten und anschließend auf verschiedene Weise aussiebten. Im erhaltenen Korkgranulat sind allerdings viele Zellen zerstört, sodass viele für Kork typische Eigenschaften nur schwach ausgeprägt sind. Auch heute noch ist die Borke der Douglasie kein Abfallprodukt der Holzindustrie. Bestimmte Bestandteile spielen zum Beispiel als Zusatzstoffe in der Plastikindustrie eine Rolle.

I

J

Der Balsam ist als Oregonbalsam bekannt. Er enthält ätherisches Öl, Kolophonium und weitere Bestandteile und wird ähnlich wie Kanadabalsam (siehe S. 368) verwendet.

Pyrus communis

Kultur-Birne

Rosaceae (Rosengewächse)

A

Ø 59 cm

Beschreibung

Das seit langem in vielen Sorten kultivierte Gehölz wächst meist als mittelgroßer Baum, seltener nur strauchförmig. Ein Birnbaum kann 10–15 m, bei günstigen Bedingungen auch bis zu 20 m hoch werden. Er bildet eine schmale oder breit kegelförmige, hoch gewölbte Krone. Der Stamm wird gewöhnlich 0,4–0,6 m, gelegentlich auch bis zu 1 m dick. Er wächst zylindrisch, häufig mehr oder weniger drehwüchsig, gelegentlich auch spannrückig oder hohlkehlig. Beim Drehwuchs dominiert im Gegensatz zum Kultur-Apfel (*Malus domestica*) der Rechtsdrehwuchs (**I**). Gewöhnlich reicht der Stamm bis weit in die Krone hinauf (**B**). Es können sich aber auch schon früh mehrere starke, vorwiegend aufrecht wachsende Hauptäste entwickeln (**C**). Die Seitenäste stehen sparrig ab, biegen sich jedoch unter der Früchtelast häufig bogenförmig nach unten. Die Zweige sind in der Regel unbedornt, bei verwilderten Exemplaren können gelegentlich Sprossdornen auftreten.

Rinde der Zweige

Die Zweige sind meist kahl, besonders bei verwilderten Exemplaren aber auch behaart. Das Periderm bildet sich bereits im ersten Jahr. Die einjährigen, etwa 4–5 mm dicken Langtriebe sind rotbraun bis dunkelbraun und zeigen zahlreiche helle Lentizellen (**D**). Mit zunehmendem Alter und Dicke nimmt die Rinde einen gräulichen bis grünoliven Farbton an (**E**).

B

C

D

E Ø 2 cm

F Ø 19 cm

G Ø 69 cm

Rinde der Äste und Stämme

Die anfangs hellgraue bis graubraune **Glattrinde** der Äste und jungen Stämme wird beim weiteren Wachstum rasch borkig. Es bildet sich eine **haftende Schuppenborke**. Schon an mäßig dicken Bäumen entstehen Längs- und Querrisse (**F**). Im Alter wird die Borke zunehmend schwarzgrau und zeigt nun tiefe, scharfe Längs- und Querfurchen. Diese zerteilen sie sehr typisch in würfelige bis prismatische oder quaderförmige Borkenbereiche, die oberflächlich etwas abbröckeln können (**A**, **G**, **H**). Eine solche Borke erinnert häufig etwas an Strukturen von Krokodilhaut. Die Felder folgen meist einer undeutlichen Rippenstruktur, seltener sind sie gegeneinander versetzt. Besonders an alten Bäumen mit Rippenstruktur oder Spannrückigkeit ist der häufige Drehwuchs deutlich zu erkennen (**I**).

Verwandte Art

Die **Holz-Birne** (***Pyrus pyraster***) lässt sich alleine anhand der Rinde kaum von der Kultur-Birne unterscheiden. Sie besitzt jedoch meist zahlreiche Sprossdornen (**J**) und ihre einjährigen Langtriebe sind nur bis zu 3 mm dick.

Quercus petraea

Trauben-Eiche

Fagaceae (Buchengewächse)

Beschreibung

Der sommergrüne Laubbaum mitteleuropäischer Wälder wird bis zu 40 m hoch. Der Stamm kann dabei bis zu 2 m dick werden und geht meist bis zum Wipfel durch. In der Jugend bildet der Baum eine meist kegelförmige Krone, im Alter wird diese bei freiem Stand ausladend, geschlossen und breit oval. Sie bleibt jedoch meist schlanker und regelmäßiger als bei der Stiel-Eiche (*Quercus robur*), auch sind die dicken Äste in der Regel weniger krumm und gewunden als bei dieser (**B**). Der Austrieb schlafender Knospen führt zu Stockausschlägen sowie Wasserreisern am Stamm und an stärkeren Ästen (**C**).

B

C

Rinde der Zweige

Die Rinde der jungen, durch herablaufende Blattbasen mehr oder weniger kantigen oder etwas gefurchten Triebe ist kahl und anfangs olivgrün oder braunoliv gefärbt. Schon nach wenigen Wochen des Zweigwachstums beginnt die Epidermis sich als Häutchen abzuheben, wodurch die Zweige hellgrau, graubraun oder etwas violett überlaufen wirken (**D**). Häufig reißt die Epidermis netzig auf (**E**). Das darunter liegende Periderm ist glänzend olivgrün bis rotbraun, später braunoliv. Auf ihm erheben sich nicht besonders viele, kleine, warzige, anfangs hellocker bis graubraune, später braun gefärbte Lentizellen.

D

E

F

Ø 6 cm

G

Ø 11 cm

Rinde der Äste und Stämme

Das Oberflächenperiderm bleibt etwa 10–20 Jahre erhalten. Bis zu diesem Alter sind Äste und Stämme deshalb von einer grünlichgrauen bis silbergrauen **Glattrinde** bedeckt, die etwas glänzt (Spiegelrinde, **F**). Dann entstehen helle Längsrisse (**G**). Es entwickelt sich eine längsrippige, **haftende Schuppenborke**. Diese ist hart, beigegrau, graubraun bis schwarzbraun, mit Furchen und Rippen. Die Längsfurchen zeigen viele Jahre lang einen hellen, meist rötlichen Grund (**H**). Mit der Zeit werden sie immer tiefer, steilwandiger und schwärzlich. Die Rippen zerlegen sich mit der Zeit in quadratische oder rechteckige, stark plastische Schuppen (**A**, **I**). Die Borke kann 6–40 mm dick werden, aber sowohl im Erscheinungsbild als auch in der Dicke stark variieren. Meistens sind die Furchen etwas weniger grob und tief als bei der Stiel-Eiche, aber die beiden Arten lassen sich alleine anhand der Borke nicht sicher unterscheiden.

Quercus robur

Stiel-Eiche

Fagaceae (Buchengewächse)

Beschreibung

Der in mitteleuropäischen Wäldern heimische, sommergrüne Laubbaum kann bis zu 40 m, gelegentlich bis zu 50 m hoch werden. Sein Stamm erreicht dabei einen Durchmesser von bis zu 3 m. Er gabelt sich häufig schon nach wenigen Metern in sehr ausladende, unregelmäßig dicke, krumme und gewundene Äste und kann auch Stockausschläge entwickeln. Bei freiem Stand wächst der Baum anfangs schmal kegelförmig. Später bildet er eine kuppelförmige Krone (**B**). Im Bestand können auch Hochwälder mit weit hinauf astfreien Stämmen entstehen. Landschaftsgärtner nutzen einige Sorten des Baumes als Straßen- und Parkbaum.

B

Rinde der Zweige

Die Rinde der jungen, glatten oder durch herablaufende Blattbasen kantigen Triebe ist kahl und anfangs olivgrün oder braunoliv gefärbt. Die Epidermis löst sich bald als Häutchen ab, wodurch die Zweige hellgrau, graubraun oder graugrün und zum Teil fleckig oder streifig bereift wirken. Das darunter hervorkommende Periderm ist glänzend braunoliv bis rotbraun. Auf ihm erheben sich kleine warzige, anfangs hellocker, später braun gefärbte Lentizellen (**C**).

C

D

Ø 3 cm

Rinde der Äste und Stämme

Das Oberflächenperiderm bleibt etwa 10–20 Jahre erhalten. Junge Stämme und Äste haben deshalb eine grünlichgraue, hellgraue, graubraune oder rötlichbraune **Glattrinde**, die etwas glänzt (Spiegelrinde) und wenige, quer gestreckte Lentizellen aufweist (**D**). Abgelöste Rindenstücke (lösen sich nicht von selbst!) erscheinen auf der Innenseite hell- bis rotbraun und zeigen deutlich hervortretende Längsleisten.

Bei weiterem Dickenwachstum der Stämme entstehen erst helle Längsrisse (**E**, **F**). Dann bildet sich eine harte, **haftende Schuppenborke**, die grob netzig-schollig aufreißt und bis über 4 cm dick werden kann. Sie färbt sich zunehmend graubraun bis schwarzbräunlich (**G**). Die Risse vertiefen sich zu senkrechten, häufig steilwandigen Furchen, in denen man anfangs oft einen helleren Grund erkennt. Die immer höher werdenden Rippen können gelegentlich miteinander verbunden sein und dadurch ein sehr lockeres, weitmaschiges, unregelmäßiges Netz bilden. Häufig zergliedern sie sich in plastische, eckige Schuppen (**A**). Auch Querfurchen, die mehrere Rippen durchschneiden, können auftreten. Insgesamt sind Struktur und Dicke der Borke sehr variabel, oft ist sie jedoch gröber und tiefer rissig als bei der Trauben-Eiche (**H**, **I**, **J**).

Beachtenswert

Früher gab es auch in Mitteleuropa Eichen-Schäl- oder Lohwälder, denn die Rinde der Stiel- und Trauben-Eiche hatte in der Lohgerberei eine große Bedeutung. Sie enthält sehr reichlich sowohl hydrolisierbare wie auch kondensierte Gerbstoffe. Besonders gehaltvoll ist die noch borkenfreie Glanz- oder Spiegelrinde von jungen Zweigen und Stockausschlägen. Für die Gewinnung von Gerberlohe wurden die Bäume etwa alle 20–30 Jahre abgeholzt, ihre Rinde abgeschält und gemahlen. Die Stubben bildeten dann neue Stockausschläge und entwickelten sich zu Niederwäldern.

Medizinisch wird die Rinde noch heute nicht nur in der Volksmedizin, sondern auch in pflanzlichen Arzneimitteln verwendet. Äußerlich hat sie sich bei entzündlichen Hauterkrankungen und gegen Fußschweiß bewährt, innerlich kann sie Durchfälle lindern. In allen diesen Fällen nützt man die zusammenziehende, eiweißbindende Wirkung der Gerbstoffe. Die arzneilich verwendete Rinde stammt heute meistens aus Ost- und Südosteuropa. Die Bäume werden dort etwa alle 10 Jahre vor dem Laubaustrieb im März oder April abgeholzt. Mit 12–16 % extrahierbaren Gerbstoffen in der getrockneten Rinde weist die 9–10-jährige, 2,5–4 mm dicke Rinde den höchstens Gerbstoffgehalt auf. Sobald die Rindenzellen bei der Borkenbildung absterben, wandeln sich die Gerbstoffe in nicht mehr wasserlösliche, kondensierte Gerbstoffe, die Phlobaphene, um, die nicht mehr gerbend wirken.

Quercus rubra
Rot-Eiche

Fagaceae (Buchengewächse)

A

Ø 60 cm

Beschreibung

Der sommergrüne Baum aus dem östlichen Nordamerika wird 25–30 m hoch. Er steht in Mitteleuropa häufig in Parks und als unempfindlicher Baum an breiten Straßen. Sein Stamm kann einen Durchmesser von bis zu 2 m erreichen. Er bleibt aber kurz und teilt sich schon nach wenigen Metern in kräftige Äste. Junge Bäume bilden eine kegelförmige, alte eine breite runde, ausladende Krone (**B**).

B

Rinde der Zweige

Die jungen, durch herablaufende Blattbasen mehr oder weniger kantigen Zweige sind kahl und glänzend. Ihre Rinde ist auf der dem Licht zugewandten Seite anfangs Jahr rotbraun (**C**). Auf der Schattenseite dagegen ist sie eher braunoliv bis olivgrün gefärbt. Schon im ersten Jahr wirkt sie an vielen Stellen grau. Dort hebt sich die abgestorbene Epidermis über dem sich früh entwickelnden Periderm ab. In diesem Zeitraum erscheinen die zahlreichen, punktförmigen Lentizellen hellocker, an den zweijährigen, grauen bis graubraunen Zweigen dagegen hellgrau (**D**).

C

D

Rinde der Äste und Stämme

Äste und Stämme bleiben lange von einer dunkelgrauen bis graubraunen oder graugrünen **Glattrinde** bedeckt. Auf dieser fallen die kleinen, runden oder länglichen Lentizellen kaum auf. Sehr häufig überziehen ausgedehnte Flechtenlager die Rinde (**E**). Erst spät wird sie rau und es bildet sich eine dünne, **haftende Schuppenborke**. Anfangs entstehen einzelne, dann mehr und ziemlich gleichmäßig verteilte, helle Längsrisse (**F**). Mit zunehmender Dicke des Stammes erscheinen die Risse am Grund oft rötlich und werden mit der Zeit oft unregelmäßiger. Neben Bereichen mit wenigen, schmalen Rissen treten dann Bereiche mit vielen, tieferen Furchen auf (**A**, **G**). Die Rippen bleiben auf der Oberfläche lange glatt und besitzen – wenn sie nicht

E Ø 15 cm

F Ø 28 cm

G Ø 60 cm

vollständig von Flechten bewachsen sind – oft einen matten Glanz. Auch dickere Bäume zeigen besonders Längsfurchen mit unregelmäßig verlaufenden, oft etwas gezackten Rändern (**H**). Die flachen, breiten Rippen der nun grau- bis graubraunen oder auch schwärzlichen Borke werden besonders im unteren Stammbereich rauer und unebener. Sie bilden anfangs meist nur schwache und wenige Querrisse und sind kaum miteinander verbunden. An sehr dicken Stämmen brechen die Rippen stärker auf (**I**). Die Borke kann nun etwas an jene einer Trauben-Eiche erinnern, macht aber meist einen graueren Eindruck.

Robinia pseudoacacia

Gewöhnliche Robinie, Scheinakazie

Fabaceae (Hülsenfrüchtler)

Beschreibung

Der sommergrüne Baum aus Nordamerika steht in Mitteleuropa häufig als anspruchsloses Gehölz an Böschungen und auf Halden und dringt als invasive Art in Magerrasen vor. In Städten sind seine Sorten häufig als Straßen- und Parkbaum anzutreffen. Die Wildform wächst bis zu 20 m, gelegentlich auch bis zu 30 m hoch. Bei freiem Stand bleibt der Stamm meist kurz, wächst nicht besonders gerade und verzweigt sich bald in gewundene, sparrige, kräftige Äste, die waagerecht bis spitzwinkelig vom Stamm abgehen (**B**). So entsteht eine lockere, rundliche, im Alter auch mehr oder weniger schirmartig ausgebreitete, sehr unregelmäßige Krone. Im Bestand entwickelt sich der Stamm meist gerade und die Krone setzt erst in einer Höhe von 6–8 m an. Der Stamm wird meist bis 0,5 m, gelegentlich auch bis zu 1,2 m dick und zeigt häufig mehr oder weniger große Maserknollen und Spannrückigkeit (**C**).

Rinde der Zweige

Die jungen Zweige sind nur anfangs kurz angedrückt behaart, rasch werden sie kahl und erscheinen olivgrün, gelbbraun bis dunkelbraun, oft rot überlaufen oder mit dunkelbraunen bis schwarzen Flecken (**D**). Das Periderm wird bereits im ersten Jahr angelegt. Die gelbbraunen Lentizellen sind mit etwa 1 mm Größe relativ groß, warzen- bis leistenförmig. Besonders bei jungen Bäumen und Schösslingen sitzen neben den Blattnarben oft zwei Nebenblattdornen, die zur Basis hin

D

E

F Ø 8 cm

in Längsrichtung abgeflacht sind. Bedornte Zweige zeigen meist auffallende, kantige Riefen, die von den Dornen herablaufen (**E**). Schon im zweiten Jahr entstehen schwache Längsrisse im Oberflächenperiderm.

Rinde der Äste und Stämme

An den Ästen und Stämmen ist die Oberfläche unregelmäßig längsrissig oder netzartig rissig (**F**). Ihre Farbe ändert sich zu rotbraun oder bräunlich. Am Anfang

G Ø 15 cm

H Ø 64 cm

bildet die Borke nur eine papierartige, dünne Schicht. Diese lässt sich leicht abziehen und ist auf der Innenseite von gelblichweißem, zähem Bast bedeckt. Die darunter frei gelegten Rindenbereiche sind durch ihren Gehalt an Chlorophyll grün gefärbt. Mit zunehmendem Alter entwickelt sich eine graubraune, beigebraune oder mattgraue, **haftende Schuppenborke**, deren Furchen lange Zeit hell rotbraun leuchten (**G**). Jedes Jahr entsteht ein neues Tiefenperiderm. Mit der Zeit kann die Borke bis über 6 cm dick werden. Ihre Schuppen bestehen zu einem großen Teil aus Kork. Sie sind sehr verschieden dick, unterschiedlich groß, oft krummflächig und bilden sehr verschieden ausgeprägte, derbe Rippen, die auf der Oberfläche pockig-würfelig strukturiert sind (**A**). Die Rippen können sich grob netzartig über den gesamten Stamm ziehen. So entsteht ein sehr tiefes, sehr unregelmäßiges Rippennetz (**H**), Sein ungeordnetes Aussehen wird durch die häufige Spannrückigkeit des Stammes noch verstärkt (**I**). An sehr dicken Bäumen überkreuzen sich die Rippen seltener und die Längsstrukturen dominieren. Die auffallenden, hohen Rippen ziehen sich bis weit in die Äste hinauf (**J**).

Beachtenswert

Die frisch abgezogene Rinde der Zweige riecht angenehm süßlich, etwas ähnlich wie die Blüten des Baumes. Sie enthält die giftigen Toxalbumine Robin und Phasin, die rote Blutkörperchen zusammenballen und Gewebe zerstören können. Vergiftungen führen beim Menschen zu Erbrechen und krampfartigen Zuckungen. Durch Erhitzen verliert sich die Toxizität dieser Eiweißbestandteile. Hasen und Kaninchen scheinen die Gifte nichts auszumachen, denn sie schälen besonders im späten Winter häufig die Rinde von jungen Stämmen oder verbeißen die Zweige.

Salix alba

Silber-Weide

Salicaceae (Weidengewächse)

Beschreibung

Der heimische, raschwüchsige, sommergrüne Laubbaum gedeiht in Auen- und Uferwäldern. Er wird 20–25 m hoch und bildet eine unregelmäßige, lockere, meist schlanke Krone. Sein Stamm kann gerade wachsen. Oft verzweigt er sich aber bereits an der Basis und entwickelt sich unregelmäßig. Dabei kann er bis über 1 m dick werden (**K**). Die starken Äste gehen bei der reinen Art spitzwinkelig ab. Anfangs sind sie steil aufgerichtet, werden dann aber stark ausladend (**B**). Sie sind reich verzweigt, wobei die Zweige oft überhängen. Bei manchen Hybriden und Sorten wie z. B. der Trauer-Weide *Salix alba* 'Tristis' hängen sie sogar senkrecht herab (**C**). Im Alter wird der Stamm häufig hohl. An Bachrändern stehen oft zu Kopfweiden mit dickem Stamm gestutzte Exemplare.

B

C

Rinde der Zweige

Die dünnen, biegsamen Zweige sind anfangs anliegend dünn seidig bis dicht zottig behaart, später kahl. Ihre Farbe ist sehr variabel und kann, auch abhängend von der Varietät oder Form leuchtend gelb, orange, rotbraun, dunkelgrau, dunkelbraun, grünbraun, gelblichbraun oder gelblichgrün sein (**D**). An etwas dickeren Zeigen reißt die Epidermis auf und die Rinde wird graubraun oder grau und glänzend (**E**). Die zerstreut sitzenden Lentizellen sind rund bis oval, warzig erhaben und braun.

D

E

Rinde der Äste und Stämme

Bis etwa 10 Jahre alte Stämme haben eine hell- bis dunkelgraue oder auch rötlichbraune bis graubraune, vom Oberflächenperiderm gebildete **Glattrinde** (**F**). Erst dann setzt die Entwicklung einer mittel- bis dunkelgrauen, **haftenden Schuppenborke** ein. Wenn das Oberflächenperiderm aufreißt und die Borkenbildung beginnt, sind die entstehenden Leisten oft noch glatt, während die Risse rau

F Ø 6 cm

G Ø 30 cm

und ocker- bis rötlichbraun erscheinen. Die Oberfläche des Periderms bildet in dieser Phase häufig noch ein Netz aus senkrechten, in Wellen verlaufenden und miteinander verbundenen Streifen (**G**, **H**). Bald entwickelt sich daraus eine dicke, grobe, ockergraue bis gräuliche oder dunkelgraue, glanzlose Borke, die aus einem groben Netz aus tiefen Längsfurchen und breiten, dicken, dicht zusammenstehenden, unebenen, rauen oder mit kleinen Schuppen besetzten Rippen besteht. Häufig zeigen die Rippen schmale, wenig tiefe Querrisse, wodurch V- oder Y-förmige Abschnitte entstehen (**I**) oder es treten auffallende X-förmige Rippenüberkreuzungen (**A**) auf. Oft sind auch Rindenknollen vorhanden (**J**). An alten Bäumen können die Borkenschuppen oberflächlich etwas abblättern (**K**).

Beachtenswert

Der Name des Baumes bezieht sich nicht auf die Farbe der Rinde, sondern auf die der Blattunterseiten. Die Rinden verschiedener Weidenarten werden aufgrund ihres Gehaltes an Salicinderivaten, besonders Salicin arzneilich verwendet. Das Europäische Arzneibuch schreibt vor, dass nur solche Weidenarten für Arzneimittel verwendet werden dürfen, deren Rinden mindestens 1,5 % Salicinderivate enthalten. Die Rinde der Silberweide kommt jedoch kaum auf mehr als 1 %. In der Volksheilkunde dient sich trotzdem als Heilmittel bei Rheuma und fieberhaften Krankheiten.

Der Baum wehrt sich mit dem Salicin gegen Fressfeinde. Allerdings haben sich einige Tiere daran angepasst und nutzen den Pflanzenstoff für ihre eigene Zwecke. So lässt sich in dem von Bibern zur Fellpflege und zur Markierung ihrer Reviere ausgeschiedenen Bibergeil (Castoreum) unter anderem das ähnlich wie Bittermandeln riechende Salicylaldehyd nachweisen, das aus dem mit Weiden- und Pappelrinde aufgenommenem Salicin gebildet wurde.

Salix caprea
Sal-Weide

Salicaceae (Weidengewächse)

Beschreibung

Diese heimische Weide entwickelt sich als Pioniergehölz häufig auf Waldschlägen, an Waldrändern und Dämmen sowie in Kiesgruben. Sie wächst als kleiner, sommergrüner Baum oder vom Grund an verzweigter, großer, aufwärts strebender Strauch. Dabei wird sie selten höher als 10 m. Bei baumförmigen Exemplaren bleibt der bis über 0,5 m dicke Stamm meist ziemlich kurz und wächst nicht sehr gerade, die Zweige sind kräftig und bilden eine breite, im Alter rundliche Krone (**B**).

Rinde der Zweige

Die jungen, aufrecht stehenden, recht dicken, aber biegsamen, runden Zweige sind im ersten Jahr anfangs dicht und kurz hell behaart (**C**). Sobald sie verkahlen, beginnen sie zu glänzen und erscheinen auf der dem Licht zugewandten Seite oft rötlich, matt dunkelrotbraun oder rötlicholiv, auf der Schattenseite olivgrün. Mit der Zeit reißt die primäre Rinde fein auf und bildet ein graugrünes Netz auf dunkelbraunem oder grünem Untergrund (**D**). Die Lentizellen sind klein, buckelig warzig, rund, dunkelbraun.

Rinde der Äste und Stämme

Die Äste und jungen Stämme sind anfangs von einer **Glattrinde** bedeckt und grau, ockergrau, graugrünlich oder graubläulich gefärbt und zeigen Lentizellen mit Längsspalt (**E**). Diese entwickeln sich zu charakteristischen, zunehmend

D
Ø 2 cm

E
Ø 5 cm

F
Ø 9 cm

G
Ø 13 cm

größer werdenden Rhomben oder Rauten mit rötlichbraunem Längsspalt, die oft in Längsreihen angeordnet sind. Bei weiterem Dickenwachstum der Stämme entstehen ausgehend von den Längsreihen erste Längsrisse (**F**). Dazwischen bleibt die Rinde jedoch noch glatt oder nur schwach rau (**G**, **H**). Erst zwischen dem 6. und 10. Jahr entwickelt sich eine netzige bis längsrissige, grau- bis schwarzbraune, dünne, **haftende Schuppenborke.** Typisch für sie sind lange Zeit glatt bleibenden Leisten, die oft wellig oder kreuzförmig verlaufen und einen deutlichen Farbkontrast zu den lange Zeit rötlichbraun bleibenden Furchen bilden (**A**, **I**). Auch bei dickeren Stämmen können vereinzelt noch einzelne Rauten auf den Leisten zu erkennen sein.

Sambucus nigra
Schwarzer Holunder

Adoxaceae (Moschuskrautgewächse)

Beschreibung

Das heimische, raschwüchsige Gehölz bildet einen breiten, großen Strauch oder bis zu 8 m, seltener bis zu 11 m hohen Baum mit gegenständigen Blättern und Zweigen. Es gedeiht besonders an stickstoffreichen Standorten. Häufig ist es an Waldrändern, auf Waldlichtungen, auf Schuttplätzen und in der Nähe von Bauernhöfen zu finden. Der bis zu 0,5 m dicke Stamm wächst oft krumm oder schief und gabelt sich meist in mehrere dicke, oft krumme Äste (**B**). Die im alter knorrigen Äste und Zweige können bogig ausladend sein, sodass eine etwas schirmförmige Krone entsteht (**C**). Meistens wachsen zusätzlich zu kürzeren, sparrigen Ästen auch bis 2 m lange, sehr raschwüchsige, senkrecht nach oben strebende Jahrestriebe.

B

Rinde der Zweige

Die runden bis leicht kantigen Zweige haben eine anfangs olivgrüne, auf der dem Licht zugewandten Seite auch rötlich überlaufene Rinde. Bei manchen Exemplaren ist sie deutlich behaart (**D**). Häufig glänzt sie jedoch matt, wirkt kahl und zeigt höchstens unter der Lupe vereinzelt sehr kleine, zurückgekrümmte Haare (**E**).

C

Etwas ältere Zweige werden hell gelbbraun, braunoliv bis graubraun und schließlich durch eine dünne, silbrig glänzende Korkschicht grau. Die zahlreichen Lentizellen sind auffallend groß und höckerig-warzig, länglich-spindelförmig, anfangs hell, ocker bis grau, später dunkler gefärbt. Spätestens ab dem dritten Jahr reißt das Oberflächenperiderm auf (**F**).

Rinde der Äste und Stämme

An älteren Ästen und an den Stämmen entsteht eine starke, aber weiche, hellbraune bis graubraune, **haftende Schuppenborke** (**G**). Diese weist oft x-förmig miteinander verbundene Längsrippen und Furchen auf (**H**). Mit zunehmendem Alter zerklüften die Rippen stärker und die Furchen werden tiefer (**A**, **I**). Die Rippen können bei manchen Exemplaren durch Querrisse würfelig zerteilt sein (**J**). Immer wieder sind auch Stämme zu finden, bei denen sich Borkenbereiche streifig abheben. Solche Stämme zeigen eine **Streifenborke** (**K** und S. 20).

Beachtenswert

Frische Zweigrinde riecht stark und typisch, eher unangenehm. Ihre Innenseite ist grünlichgelb gefärbt. Bei Einnahme kann sie zu Brechdurchfall führen. Heilkundige setzten sie früher gegen rheumatische Erkrankungen und Verstopfung sowie zur Anregung der Harnausscheidung ein. Dazu schälten Sammler sie im Frühling, wenn sie sich sehr leicht vom Holz löst, von den Zweigen, schabten den dünnen Kork ab und trockneten die Rinde. Entsprechende Wirkungen konnten medizinisch jedoch nicht belegt werden.

An manchen alten Holunderstämmen fallen besonders in den Wintermonaten die Fruchtkörper des Judasohrs (*Auricularia auricula-judae*) auf (**L**). Dieser Ständerpilz bevorzugt Holunder, wächst aber auch auf andern Laubbäumen wie Ahorn (*Acer*) und Rot-Buche (*Fagus sylvatica*). Er entwickelt sich nicht in der Rinde, sondern im

Holz. Erscheinen seine Fruchtkörper, hat er das Holz des Stammes schon weit abgebaut.

J
Ø 12 cm

K
Ø 16 cm

L

Sequoiadendron giganteum
Riesenmammutbaum

Cupressaceae (Zypressengewächse)

Beschreibung

Der immergrüne Nadelbaum aus der kalifornischen Sierra Nevada wird seit dem 19. Jahrhundert in Europa kultiviert. Er steht besonders in Parks und Gärten, gelegentlich aber auch im Forst. In seiner Heimat kann er bis zu 90 m hoch werden. Dabei erreicht sein Stamm in Brusthöhe einen Durchmesser von bis zu 11 m. In Europa sind bis etwa 50 m hohe und 4 m dicke Exemplare bekannt. Die Stammbasis ist konisch geformt. In der Jugend bildet der Baum eine sehr regelmäßig kegelförmige Krone (**B**). Die Äste entspringen fast waagerecht von dem bis zur Spitze durchgehenden Stamm, hängen aber mit zunehmendem Alter bogig über. Bei alten Bäumen fallen die unteren Äste ab. Darüber weist die Krone nun sehr mächtige Äste auf. Sie rundet sich oben ab und wird lockerer und offener (**C**).

Rinde der Zweige

Die Zweige sind anfangs dicht mit 1–1,2 cm langen, schuppenähnlichen Nadeln besetzt. Mehr als die Hälfte ihrer Länge laufen die Nadeln als grüne Leisten am Zweig herab, sodass dieser dort dunkelgrün bis bläulichgrün ist. Mit zunehmender Dicke der Zweige weichen die Nadelleisten auseinander. Die Bereiche dazwischen wirken nun bräunlichgrau (**D**). Häufig werden die Nadeln nach 3–4 Jahren zusammen mit dem Zweig abgeworfen. Wächst der Zweig jedoch weiter, wird die Rinde eher grau und trägt immer noch die nun entfernt stehenden Nadeln (**E**).

Rinde der Äste und Stämme

An jungen Stämmen und Ästen hat die Rinde oft eine purpurne Schattierung (**F**). Mit Beginn der Borkenbildung reißt die Rinde auf und entledigt sich der Nadeln zusammen mit den äußersten Schuppen (**G**). Es entwickelt sich eine harzfreie **Streifenborke**. Anfangs bilden sich rotbraune bis graubraune, lange, wenige Zentimeter breite Borkenstreifen, die sich von oben oder unten ablösen (**H** und S. 19). Mit der Zeit wird die Borke faserig-schwammig und so weich, dass sie sich mit der bloßen Faust eindrücken lässt. Sie schließt reichlich Luft ein und ist mehr oder weniger stark längs gerippt bis tief gefurcht (**A**, **I**). Immer wieder treten zusätzlich quer geriffelte Bereiche auf (**J**). Die Oberfläche ist überwiegend rotbraun gefärbt und glänzend.

D

E

F

Ø 4 cm

Mehr oder weniger große Bereiche, oft besonders solche, die der Sonne ausgesetzt sind, verwittern grau (**K**). Die Borke fasert weiterhin stark ab, wobei sich nun sowohl papierdünne, schimmernde Plättchen als auch mehr oder wenige lange, feine Längsfasern ablösen können. Die frei gelegten tieferen Schichten sind rotbraun bis zimtbraun gefärbt (**A**). An den Seiten der Rippen sind die vielen feinen Borkenlagen deutlich zu erkennen (**A**). Nahe der Stammbasis sind Borkendicken von 25 cm nicht ungewöhnlich. Bei sehr großen Exemplaren in der Heimat des Baumes kann die Borke an der Stammbasis sogar bis zu 90 cm dick werden. Fallen Äste ab, bleibt ein deutliches Loch in der Borke zurück. Weiter oben am Stamm ist die Borke wesentlich dünner.

Sie erreicht dort meistens nur noch bis zu 5 cm Dicke, ihre Oberfläche wirkt dort glatt und oft wie poliert.

Beachtenswert

Die dicke, weiche Borke schützt den Baum sowohl vor großer Kälte als auch vor Waldbränden. Allerdings nützt sie nur gegen gelegentliche Brände. Diese dünnen das Unterholz aus, schaffen Lichtungen und düngen den Boden mit fruchtbarer Asche. Bei einem solchen Waldbrand verbrennen meist nur die äußersten, locker anhängenden Schuppen und Fasern. Erfasst ein Waldbrand einen umgefallenen Baum, brennt sein Stamm innerlich aus und die Rinde bleibt übrig. Großfeuer, wie sie im Westen der USA immer häufiger werden, bedrohen auch stehende Baumgiganten. Das lange lichterloh brennende Holz der Umgebung greift dann auf die Äste und Zweige über und versengt die Rinde. Der hohe Gerbstoffgehalt der Rinde unterstützt nicht nur die feuerhemmenden Eigenschaften, sondern wirkt auch gegen Schadinsekten wie Termiten sowie gegen Pilze.
Die in der Heimat des Baumes lebenden Pomo- und Sinkyone-Indianer bauten früher Häuser aus der Rinde und stellten Kleidungsstücke aus zerstampftem Rindenmaterial her. In neuerer Zeit interessieren sich Materialwissenschaftler und Verpackungstechniker für die faserige Borke. Sie erinnert in ihrer Struktur an Asbest und besitzt ähnlich gute wärmeisolierende Eigenschaften wie diese Gesteinsfasern. Die Forscher vermuten, dass es im Pflanzenreich kein Material gibt, das die

Wärme schlechter leitet. Sie nehmen die Rinde als Anregung, um nach besseren Isoliermaterialien für die Bauindustrie zu suchen. Auch Elektrizität wird über diese Rinde nur schlecht abgeleitet, sodass der Baum bei einem Blitzeinschlag regelrecht explodieren kann.

Verwandte Art

Der nah verwandte **Küstenmammutbaum (*Sequoia sempervirens*)** aus den Küstengebieten Nordkaliforniens und Oregons trägt an waagerecht stehenden oder hängenden Zweigen dunkelgrüne, zweizeilig angeordnete Nadeln. Der immergrüne Baum kann ähnliche Dimensionen wie der Riesenmammutbaum aufweisen. In Brusthöhe erreicht sein Stamm einen Durchmesser von 3–4,5, gelegentlich bis zu 9 m. An der Basis ist er stark verdickt und mit Brettwurzeln versehen. Ältere Bäume bilden dort oft abgerundete Anschwellungen oder Beulen, aus denen nach einem Feuer oder aus abgesägten Stubben neue Sprosse austreiben können. Die **Streifenborke** ähnelt stark jener des Riesenmammutbaums. Sie ist bis zu 35 cm dick, weich und schwammig. Ihre Oberfläche ist graubraun bis braun und oft tief gefurcht mit schuppigen Rippen. Unter den sich ablösenden Rindensteifen ist auch diese Rinde zimtbraun (**L**).

Styphnolobium japonicum
Sophora japonica
Japanischer Schnurbaum

Fabaceae (Hülsenfrüchtler)

A

Ø 17 cm

Beschreibung

Der sommergrüne Laubbaum aus Ostasien wird meist bis zu 20 m, selten über 30 m hoch. Gärtner pflanzen ihn als robustes Ziergehölz und im Spätsommer blühende Bienenweidepflanze in Mitteleuropa häufig in Parks und an Straßen. Der 0,5–1,2 m dicke Stamm wächst gerade und bleibt meist kurz. Die Hauptäste streben trichterförmig aufwärts. Bei Sorten können sie auch malerisch knorrig verbogen sein. Die Krone ist anfangs rundlich, später ausladend, breit rundlich bis fächer- oder trichterförmig (**B**). Sie wirkt selbst bei voller Belaubung locker und licht.

Rinde der Zweige

Die runden Zweige sind von einer mehrere Jahre lang grün bleiben primären Rinde bedeckt. Sie ist glatt, matt glänzend oder anfangs etwas behaart. Die Bildung des Oberflächenperiderms beginnt erst spät und ist erst nach mehreren Jahren abgeschlossen. Die zerstreut angeordneten Lentizellen sind klein, beige bis grau, punkt- bis strichförmig und erheben sich deutlich über die Rinde (**C**). Abgebrochene Zweige oder abgezogene, zerriebene Rinde riechen etwas unangenehm.

Rinde der Äste und Stämme

Auch dünnere Äste und junge Stämme sind noch lange grün. An Ihnen dehnen sich die Lentizellen etwas in die Breite (**D**). Mit der Zeit entstehen an den Stämmen zuerst dunklere Längsstreifen und vermehrt korkige Bereiche, dann folgen

B

C

D Ø 6 cm

E Ø 4 cm

F Ø 30 cm

Längsrisse (**E**). Etwa armdicke Äste und Stämme sind meist bereits vollständig von einer **Schuppenborke** bedeckt. Diese ist hellbraun bis graubraun und weist wenig tiefe Längsfurchen und netzartige Rippen auf (**F**, **G**). Kleine Korkzonen fallen bei näherer Betrachtung in den Rissen als helle, rundliche oder unregelmäßig geformte, kaum fingernagelgroße Bereiche auf (**A**). Die kleinen Borkenschuppen haften lange Zeit aneinander. Die Borke kann ähnlich unregelmäßig wie jene der Gewöhnlichen Robinie (*Robinia pseudoacacia*) sein, entwickelt sich aber auch an dicken Bäumen lange nicht so derb und so dick wie diese (**H**).

Beachtenswert

Der Baum enthält – ähnlich wie der mit ihm verwandte Goldregen (*Laburnum*) – stark giftige Alkaloide in der Rinde und den Früchten.

G Ø 43 cm

H Ø 70 cm

Sorbus aria

Gewöhnliche Mehlbeere

Rosaceae (Rosengewächse)

A

Ø 16 cm

Beschreibung

Der heimische, sommergrüne Laubbaum wird 10–15 m, seltener bis zu 25 m hoch. Er gedeiht in lichten, trockenen Wäldern und Gebüschen sowie auf Felsen und Hangkanten. Als Zierbaum steht er in verschiedenen Sorten auch an Straßen und in Gärten. Sein bis zu 0,5 m dicker Stamm wächst gerade oder etwas krumm und ist oft etwas spannrückig. Auch mehrstämmige Exemplare sind nicht selten. Die Krone ist ziemlich dicht, ei- oder kugelförmig oder flach gewölbt und unregelmäßig (**B**).

Rinde der Zweige

Die Rinde dünner Zweige ist auf der Sonnenseite rotbraun bis dunkelbraun, manchmal auch etwas weißlich bereift, auf der Schattenseite olivgrün bis olivbraun. Um die Knospen herum ist sie anfangs oft leicht behaart, verkahlt aber bald (**C**). An etwas dickeren Zweigen hebt sich die absterbende Epidermis als gräuliches Häutchen ab. Die Zweige nehmen eine kaffeebraune bis braune Farbe an und glänzen (**D**). Die zahlreichen Lentizellen sind klein, rundlich bis elliptisch, weiß und warzig.

Rinde der Äste und Stämme

Äste und Stämme sind lange von einer grauen, rötlichbraunen oder dunkel grauvioletten **Glattrinde** bedeckt. Diese zeigt auffallend große, rhombische Lentizellen mit deutlichem, oft rötlichbraunem Längsspalt (**A**, **E**). Die Glattrinde kann unterschiedlich stark glänzend oder matt sein (**F**). Auch an dunkleren Stämmen sind meistens helle, silbergrau glänzende Bereiche vorhanden. Erst bei alten, dicken Exemplaren bildet sich eine schwache, braunschwärzliche **Schuppenborke** mit senkrechten, oberflächlichen Rissen und unregelmäßigen, tieferen Furchen (**G**, **H**). Durch Flechtenbewuchs wirkt die Rinde häufig fleckig oder grau (**F**, **H**).

B

C

Beachtenswert

Angeritzte Rinde oder zerbrochene Zweige von Sorbus-Arten riechen etwas nach Bittermandeln. Wie viele andere Gehölze der Rosengewächse enthalten auch sie cyanogene Glykoside. In der Rinde handelt es sich dabei um Prunasin. Wird die Rinde verwundet, wird der Stoff gespalten und Blausäure sowie das ungiftige, typisch nach Bittermandeln riechende und schmeckende Benzaldehyd daraus freigesetzt. Diese Verteidigungsstrategie hält viele Tiere fern.

Sorbus aucuparia

Gewöhnliche Eberesche, Vogelbeere

Rosaceae (Rosengewächse)

Beschreibung

Der heimische, sommergrüne Strauch oder Baum gedeiht von der Ebene bis zur Baumgrenze in Hecken, an Waldrändern, auf Lichtungen und steinigen Hängen. Als Zierbaum steht die Eberesche häufig auch in Gärten und Parks sowie an Straßen. Sie wird 10–20 m, selten bis zu 25 m hoch. Ihr zylinderförmiger Stamm kann über 0,5 m dick werden und zeigt häufig einen leichten Drehwuchs. Auch mehrstämmige Bäume sind nicht selten. Die ziemlich starken Äste wachsen in der Jugend aufstrebend, im Alter mehr ausladend, sodass eine rundliche bis eiförmige, ziemlich lockere Krone entsteht (**B**).

Rinde der Zweige

Die jungen Zweige sind anfangs locker filzig behaart, verkahlen aber bald und sind dann nur noch zur Spitze hin behaart. Später verlieren sich auch diese Haare. Auf der dem Licht zugewandten Seite ist die Rinde rotbraun, hellbraun, graubraun oder schwarzbraun, auf der Schattenseite ockerfarben. Die Epidermis löst sich oft bereits an der Zweigspitze als graues Häutchen ab. Die Lentizellen sind spindelförmig, längs orientiert und hellocker gefärbt (**C**).

Rinde der Äste und Stämme

Äste und Stämme haben eine vom langlebigen Oberflächenperiderm gebildete **Glattrinde**, die hellgrau, gelblichgrau oder braun, manchmal auch etwas bläulich sein kann und glänzt. Sie weist deutlich erhabene Lentizellen mit rötlichbraunem

B

C
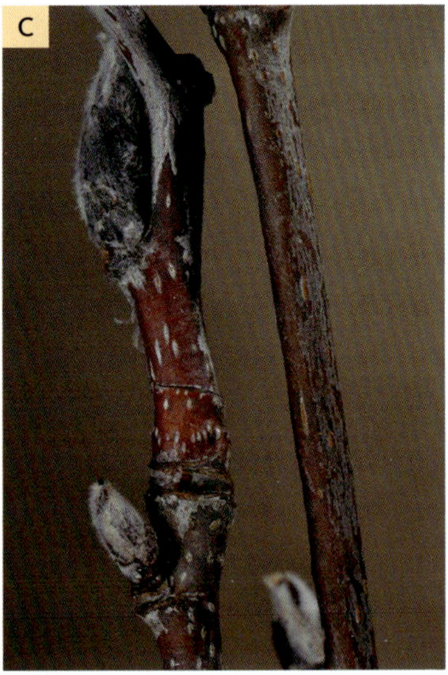

Spalt auf (**D**). Diese dehnen sich zunehmend quer und färben sich gräulich oder bräunlich (**A**). Sie können auch zu quer verlaufenden Lentizellenbändern verbunden sein. Sowohl durch Algen- und Flechtenbewuchs als auch durch zunehmendes Dickenwachstum erscheint die Rinde zunehmend matt. Bei den häufig auf der Rinde auffallenden weißen Flecken handelt es sich um Flechten (**E**). Die oberste Rindenschicht kann wie ein breitmaschiges Netz aufreißen oder es können ausgehend von den Lentizellen kleine Längsrisse entstehen (**F**). Die Rinde bleibt jedoch dünn. Selbst bei dicken Bäumen entwickelt sich höchstens sehr spät im unteren Stammabschnitt eine dunkle, oft schwärzliche, längsrissige **Schuppenborke**, deren unregelmäßige Schuppen bald abblättern.

Sorbus torminalis
Elsbeere

Rosaceae (Rosengewächse)

A

Ø 36 cm

Beschreibung

Das sommergrüne, wärmeliebende Laubgehölz ist in Mittel- und Südeuropa heimisch. In Mitteleuropa wächst es meist nur in Einzelexemplaren in lichten, südexponierten, trockenen Laubwäldern und an Südhängen. Gelegentlich steht es auch in Gärten und Parks. Es ist das größte heimische Rosengewächs und kann sich als bis zu 25 m hoher, manchmal mehrstämmiger Baum entwickeln. Dann kann der Stamm bis zu 0,6 m, bei sehr alten Exemplaren bis zu 1 m dick werden. Im Bestand setzt die Krone hoch an und entwickelt sich schlank. Bei frei stehenden Bäumen bilden sich schon früh kräftige Äste und es entsteht eine kugelige Krone (**B**). Häufig wächst das Gehölz auch nur als Großstrauch, der mit Stockausschlägen und Wurzelbrut ein Dickicht bilden kann.

Rinde der Zweige

Die jungen, schwach kantigen Zweige sind olivgrün, olivbraun, rotbraun oder dunkelbraun gefärbt, meist besonders zur Spitze hin fein wollig, aber kaum deckend behaart. An Stellen, an denen sich die abgestorbene Epidermis hebt, glänzen die Zweige silbrig. Sie zeigen viele punkt- bis strichförmige, kleine Lentizellen (**C**). Diese können heller gefärbt sein als die Rinde oder ziemlich die gleiche Farbe aufweisen und fallen dann kaum auf. Sobald sich die Epidermis abgelöst hat, glänzt die Rinde matt braun, auf der Schattenseite manchmal auch grün.

D Ø 7 cm

E Ø 9 cm

F Ø 22 cm

G Ø 36 cm

Rinde der Äste und Stämme

Anfangs sind Äste und Stämme von einer grauen bis bräunlichen, glänzenden **Glattrinde** bedeckt, die je nach Exemplar und Alter jener der Gewöhnlichen Eberesche (*Sorbus aucuparia*) oder der Gewöhnlichen Mehlbeere (*Sorbus aria*) ähnelt. Die Lentizellen sind deutlich ausgebildet. Häufig sind sie etwas rautenförmig mit Längsspalt und dehnen sich zunehmend quer aus (**D**). Die oberste Rindenschicht reißt bei weiterem Dickenwachstum oft breitmaschig auf (**E**). Etwa ab dem 40. Jahr bildet sich eine dunklere, **abblätternde Schuppenborke.** Sie ist graubraun bis schwärzlich gefärbt und ziemlich dünn. Von ihrer Oberfläche lösen sich kleine Schuppen ab. Die darunter frei gelegten Bereiche können mehr oder weniger rötlich gefärbt sein (**A**, **F**). Oft ähnelt die Borke nun der eines älteren Kultur-Apfels (*Malus domestica*) oder einer Kultur-Birne (*Pyrus communis*), im Wald können die Stämme auch mit jenen von nicht zu dicken Eichen (*Quercus robur*, *Quercus petraea*) verwechselt werden (**G**, **H**).

H Ø 71 cm

I Ø 9 cm

J Ø 75 cm

Ähnliche Art

Der aus Süd- und Südosteuropa stammende **Speierling (*Sorbus domestica*)** steht nur selten in Parks und auf Obstwiesen. Er wird 10–20 m hoch und bildet eine ovale oder breite, oben abgerundete Krone mit starken Ästen. Seine gefiederten Blätter ähneln jenen der Vogelbeere (*Sorbus aucuparia*), seine Rinde jedoch eher der Elsbeere. Bei ihm entsteht die graubraune Schuppenborke allerdings bereits an jüngeren Bäumen und erinnert anfangs an die einer Kultur-Pflaume (*Prunus domestica*) (**I**). Später bildet sie deutliche Längs- und Querfurchen (**J**). Dann ähnelt sie eher der Borke der Kultur-Birne (*Pyrus communis*).

Syringa vulgaris
Gewöhnlicher Flieder

Oleaceae (Ölbaumgewächse)

Beschreibung

Das aus Südosteuropa stammendes Gehölz wächst in vielen Sorten in Gärten und Parks und konnte in Mitteleuropa stellenweise verwildern. Es entwickelt sich als bis 6 m, gelegentlich bis 10 m hoher Baum oder vielstämmiger, großer Strauch. Sein Wuchs ist straff aufrecht und dicht gegenständig verzweigt (**B**). Der Stamm ist kurz, meist drehwüchsig (**C**). Er kann einen Durchmesser von über 0,2 m erreichen.

Rinde der Zweige

Die jungen, geraden, im Querschnitt rundlichen Zweige sind von einer gelbgrauen bis olivgrünen, auf der Schattenseite auch grünen, kahlen oder anfangs drüsig kurzhaarigen Rinde bedeckt. Diese wird sehr früh rissig. Zweijährige Zweige erscheinen graubraun oder grau. Die Lentizellen sind häufig kaum sichtbar, können aber auch weißlich und warzig in Erscheinung treten (**D**).

Rinde der Äste und Stämme

Auf Ästen und Stämmen bleibt das graue bis graubraune, raue Oberflächenperiderm anfangs erhalten. Es zeigt einzelne, etwas erhabene Lentizellen, die sich bei zunehmender Dicke etwas in die Breite dehnen (**E**). Dann entstehen erste Längs- und häufig auch feine Querrisse (**F**). Rasch entwickelt sich eine hell bis dunkler graubraune, raurissige **Streifenborke** (**A**, **G**). Sie fasert sehr bald in Längsrichtung in langen, schmalen Streifen stark ab (**H**). Dabei wird der häufige Drehwuchs der Stämme sehr auffällig.

Bemerkenswert

In Gärten wetzen häufig Katzen ihre Krallen an der Rinde dieses Gehölzes. Die von ihnen bearbeiteten Bereiche wirken besonders stark zerfasert. Meistens zerreißen die Tiere aber nur die tote Borke und nicht die lebende innere Rinde, sodass sie den Wuchs des Gehölzes nicht beeinträchtigen.

Taxodium distichum

Echte Sumpfzypresse

Cupressaceae (Zypressengewächse)

Beschreibung

Der sommergrüne Nadelbaum stammt aus Sumpfgebieten im Süden der USA sowie Mexikos und Guatemalas. In seiner Heimat wird er bis zu 50 m hoch und kann 1–3 m dick werden. In Parks in Mitteleuropa erreicht er eine Höhe von bis zu 25 m. Als junger Baum wächst er schlank pyramidenförmig. Mit zunehmendem Alter bildet er eine breitere, offene, abgerundete Krone mit durchgehendem, geradem Stamm und starken, waagerecht orientierten Ästen. Der Stamm besitzt häufig einen unregelmäßigen Querschnitt und meist eine stark verbeiterte Basis, an der oft auch Brettwurzeln ansitzen (**B**). Steht der Baum am Ufer eines Gewässers mit schwankendem Wasserstand, bildet er Wurzelknorren aus (**C**).

B

C

Rinde der Zweige

An den wechselständigen Kurztrieben und jungen, benadelten Langtrieben ist die Rinde grün bis bläulichgrün (**D**). Die Kurztriebe fallen im Winter ab, die Langtriebe färben sich im ersten Winter durch die beginnende Peridermentwicklung gelblich bis bräunlich. Im zweiten Jahr sind die Zweige stumpf dunkel rotbraun, später durch die ablösende abgestorbene Epidermis und primäre Rinde zunehmend längsfaserig und schwarzgrau gestreift (**E**). Unter den abgeschilferten Schichten erscheint das Periderm glatt und glänzend rotbraun. Dieser Baum bildet keine Lentizellen.

Rinde der Äste und Stämme

Es entwickelt sich eine **Streifenborke**, die im Vergleich zu jener des Urweltmammutbaums (*Metasequoia glyptostroboides*) relativ dünn ist. Ihre Oberfläche ist hellbraun, manchmal auch rotbraun und wird mit der Zeit grau oder rötlichgrau. An jungen Bäumen lösen sich oft lange Streifen, die auch miteinander verbunden sein können. Unter ihnen hat die Rinde einen gelbbraunen bis dunkelbraunen oder rötlichen Farbton (**F, G**).

D

E

Auch an alten Bäumen wird die Borke nicht dicker als 5 cm. Sie besitzt selbst an dicken Stämmen nur relativ flache, schmale Längsfurchen und niedrige Rippen, die sich zum Teil überkreuzen und von denen sich lange, dünne, faserige Streifen

F Ø 9 cm

G Ø 12 cm

ablösen (**A, H**). Oft entwickeln sich Furchen und Rippen auch bis weit hinauf am Stamm zu einem vertikal verflochtenen Muster (**I**). Dünnere Borkenpartien weisen besonders in Krümmungen oft eine deutliche, faltige Stauchung mit vielen schmalen Querwülsten auf (**J**).

H Ø 76 cm

I Ø 94 cm

J

Beachtenswert

Auch die Wurzelknorren sind von einer Borke bedeckt, die meist grau bis graubraun oder schwärzlich gefärbt ist (**C**). An den Knorren wirkt die Borke schuppig und zeigt an Stellen, an denen die Schuppen abgestoßen sind einen gelbbraunen bis dunkelbraunen, rötlichen Farbton (**K**). Die Knorren reagieren empfindlich gegenüber längerer Trockenheit: Ihre Spitzen sterben dann ab, die Rinde löst sich, das Holz wird sichtbar und wird von neuem Gewebe überwallt.

Lange Zeit beschrieben Naturkundige diese bis über 1 m hohen, holzigen Gebilde als Atemknies. Sie gingen davon aus, dass die Wurzeln mit diesen über den Wasserspiegel ragenden Bildungen ihre Wurzeln mit ausreichend Luft versorgen. Endgültig geklärt ist ihre Funktion jedoch noch nicht, denn die Wurzeln besitzen kein typisches Durchlüftungsgewebe. Dafür sind sie reich an Stärke, speichern also wohl Assimilate aus der Fotosynthese. Auch die Wuchsform entspricht nicht einer Kniewurzel mit auf- und absteigendem Wachstum. Vielmehr entsteht einseitig auf der Oberseite einer Wurzel eine Beule, in der der Holzkörper vermehrt nach oben wächst. Solche Bildungen erhöhen auch die Standfestigkeit des Baumes.

K

Taxus baccata
Gewöhnliche Eibe

Taxaceae (Eibengewächse)

Beschreibung

Das immergrüne, langsam wachsende Nadelgehölz steht selten wild im Unterwuchs von Buchen- oder Laubmischwäldern. Viel häufiger wachsen die Art und ihre Sorten als Strauch oder rundlicher bis säulenförmiger Baum in Gärten und Parks. Baumförmige Exemplare können bis zu 20 m, gelegentlich bis zu 40 m hoch werden. Der Stamm ist häufig gegabelt. Oft verwachsen mehrere Stämme miteinander, sodass sich ein bis zu 4 m dicker, sehr unebener oder beuliger Scheinstamm entwickelt. Doch auch einzelne Stämme haben meist keinen runden Querschnitt, sondern sind mehr oder weniger stark spannrückig. Da die Stämme bis zur Basis hin immer wieder neu austreiben, sind sie häufig im dunkelgrünen Nadelgewirr kaum sichtbar. Die Krone entwickelt sich anfangs pyramidal, im Alter wird sie breit und zunehmend unregelmäßig (**B**).

B

C

Rinde der Zweige

Im ersten Jahr sind die Zweige hell- bis dunkelgrün gefärbt. Da sie vollständig von den herablaufenden Nadelbasen umgeben sind, wirken sie gefurcht. Im zweiten Jahr beginnt die Korkbildung, durch die die Zweige eine rotbraune Färbung annehmen. Sie bleiben anfangs jedoch durch die herablaufenden Nadelbasen typisch in längliche Felder geteilt (**C**). Werden die Zweige dicker, platzt die Epidermis auf. Auf dem etwas rauen, braunen bis graubraunen Oberflächenperiderm sind anfangs immer noch die Nadelbasen sichtbar (**D**).

D
Ø 2 cm

E
Ø 4 cm

F
Ø 11 cm

G
Ø 42 cm

Rinde der Äste und Stämme

Mit zunehmendem Dickenwachstum reißt das Periderm plattig auf (**E**). Es bildet sich eine **abblätternde Schuppenborke**, deren sich abtrennenden, unregelmäßigen Schuppen nur so dick wie starkes Papier sind. Die Borkenschuppen sind rotbraun bis gelblichbraun, später olivgrün, graubraun oder grau und besitzen eine glatte Oberfläche (**A**, **F**, **G**, **H**). Die Rinde, die unter frisch abgestoßenen Schuppen hervortritt, zeigt im frischen Zustand eine auffallend rost- bis karminrote Farbe (**F**, **I**). Harzgänge fehlen bei diesem Nadelgehölz.

Beachtenswert

Wenn mehrere Stämme miteinander verwachsen, bleiben im Innern des Scheinstammes meistens Rindenbereiche der einzelnen Stämme sowie zum Teil Hohlräume erhalten (**J**).

Wie alle Teile des Baumes mit Ausnahme des Samenmantels enthält auch die Rinde giftige Alkaloide. Aus der Rinde der im westlichen Nordamerika heimischen Pazifischen Eibe (*Taxus brevifolia*) isolierten Wissenschaftler 1971 den Stoff Taxol, der sich als wirksam gegen bestimmte Formen von Brustkrebs erwies. Kurzzeitig befürchteten Naturschützer, dass dies zu einer Plünderung der natürlichen Bestände des Baumes führen könnte, denn diese mussten für die Wirkstoffgewinnung gefällt werden. Es ist bis heute zwar nicht gelungen, das komplizierte Wirkstoffmolekül vollsynthetisch herzustellen, doch können Chemiker es seit einigen Jahren partialsynthetisch aus den Alkaloiden der Blätter und Zweige der Gewöhnlichen Eibe gewinnen.

J
Ø 29 cm

H
Ø 61 cm

I

Thuja plicata
Riesen-Lebensbaum

Cupressaceae (Zypressengewächse)

A

Ø 200 cm

Beschreibung

Dieser immergrüne Baum wird in seiner Heimat im nordwestlichen Nordamerika bis zu 50, gelegentlich bis zu 70 m hoch. Sein Stamm wächst gerade bis zur Spitze und verjüngt sich mit zunehmender Höhe stark (**B**). In Brusthöhe kann er einen Durchmesser von bis zu 2 m, in Extremfällen sogar fast 6 m erreichen. An der Stammbasis sitzen oft Brettwurzeln (**I**). Die Krone wächst schmal kegelförmig, kann aber besonders im Alter auch unregelmäßig werden, mehrere Haupttriebe und abgestorbene Spitzen aufweisen.

Rinde der Zweige

Nur die ganz jungen Zweige sind grün gefärbt. Das erste Periderm entwickelt sich früh und kann mehrere Jahre erhalten bleiben. Bereits an zweijährigen Zweigen erscheint die Rinde braun. Zu dieser Zeit sind die Zweige jedoch oft vollständig von den abgestorbenen Schuppenblättern bedeckt. Ab dem dritten Jahr werden die Zweige glatt (**C**). Anfangs glänzen sie rotbraun, mit zunehmender Alterung gelblich, graubraun oder dunkelgrau. Bereits an etwa fingerdicken Zweigen kann das Oberflächenperiderm in Längsrissen aufreißen. Es lösen sich dann feine, anfangs noch papierdünne Streifen. Frisch abgeschabte Rindenteile erscheinen auf der Innenseite rötlich, die darunter freigelegte innere Rinde enthält noch Chlorophyll und ist deshalb grün (**D**).

Rinde der Äste und Stämme

Besonders an den Stämmen kann das Oberflächenperiderm noch lange glatt erhalten bleiben (**E**). Bei weiterem Dickenwachstum reißt es auf und kann in Schuppen abblättern (**F**). Mit der Zeit entsteht eine rotbraune **Streifenborke**. Es bilden sich zunehmend Längsrisse (**G**). An älteren Bäumen werden sie zu breiten Furchen. Die Längsleisten verlaufen oft in einer leichten Spirale um den Stamm. Sie bestehen aus verschieden dicken, unregelmäßig längsrissigen Platten. Diese lassen sich in Streifen abziehen oder lösen sich an den Enden von selbst vom Stamm. Mit der Zeit lösen sich immer mehr steife, kleine Fasern von der Oberfläche, sodass die Borke im Alter zunehmend struppig wird (**H**). Besonders an sonnenexponierten Bereichen verwittert die Borke auf der Oberfläche graubraun. Sie wird 10–25 mm dick und bleibt damit in Bezug auf die Dicke der Stämme verhältnismäßig dünn. An älteren Bäumen können die Längsleisten so weit auseinander gerückt sein, dass sich an ihren Rändern Streifen voneinander lösen, die über die Furchen hinweg durch dünnere diagonale Verbindungen miteinander verbunden bleiben (**A**, **I**). Hierdurch kann ein etwas gewebeartig wirkendes, leichtes Rautenmuster

D

E
Ø 6 cm

F
Ø 32 cm

entstehen. Meist sind die Borkenstrukturen an einzelnen Stellen durch leichte Querwellen überlagert (**A**, **H**).

G Ø 27 cm

I Ø 200 cm

H Ø 54 cm

Beachtenswert

Die innere Rinde enthält Harzgänge, die auf Längsschnitten mit der Lupe als helle Linien zu erkennen sind. An abgesägten Stämmen treten daraus Harztropfen aus (J). Durch die im Harz vorhandenen ätherischen Öle duftet zerkleinerte Rinde scharf und frisch, etwas menthol- oder kampferartig. Die wichtigsten Bestandteile des ätherischen Öls sind Thujon, Fenchon, Pinen und Kampfer. Das ätherische Öl schützt den Baum vor vielen Pilzen, Bakterien und Fressfeinden. Innerlich eingenommen ist dieses Öl auch für den Menschen giftig.

Wegen der rotbraunen Farbe der Rinde erhielt der Baum in seiner Heimat den Namen „western red cedar". Die „Rotzeder" ist jedoch nicht mit Zedern der Gattung *Cedrus* verwandt.

Für die Indianerstämme, die an der Nordwestküste Nordamerikas lebten, spielte der Riesenlebensbaum eine wichtige materielle, medizinische und spirituelle Rolle. Die Rinde setzten sie so vielfältig ein, dass sie zu den am weitesten verbreiteten Materialien in ihren Haushalten gehörte. Fein zerfaserte Rinde diente als Polster für Babywiegen, als Damenbinden und als Handtücher. Gröbere Faser flochten sie zu Shirts, Capes und Frauenbekleidung. Auch für Schalen, Matten, Kanupaddel und viele weitere Gegenstände wurde die Rinde verarbeitet.

J

Tilia cordata

Winter-Linde

Malvaceae (Malvengewächse)

A

Ø 28 cm

Beschreibung

Der heimische, sommergrüne Laubbaum wächst besonders in sommerwarmen Mischwäldern der Mittelgebirge. Er steht auch an Straßen und in Parks, jedoch weniger häufig als sein natürlicher Bastard mit der Sommer-Linde (*Tilia platyphyllos*), die Holländische Linde (*Tilia × europaea*). Er kann bis zu 30 m hoch werden und dabei ein sehr variables Erscheinungsbild entwickeln. Bei freiem Stand bleibt der Stamm kurz und dick. Es bilden sich zahlreiche, tief ansetzende, kräftige Äste, die lange Zeit ansteigend wachsen, sich später aber auswärts biegen und überneigen (**B**). Sie bauen eine flache, dichte oder breit ausladende, abgerundete Krone auf. Im geschlossenen Bestand setzen die kräftigen Äste erst hoch an und formen eine eher kugelige Krone. Bäume, die aus Samen gekeimt sind, besitzen meistens gerade Stämme. Wuchsen sie dagegen aus Steckhölzer oder werden sie verletzt oder regelmäßig beschnitten, zeigen sie oft viele Wassertriebe, Maserknollen und Wurzelbrut (**H**). Der Stamm erreicht meist einen Durchmesser von 0,6–1 m. Sehr alte Einzelbäume können aber auch 4–9 m dick werden und sind dann oft hohl (**C**).

Rinde der Zweige

Die hin- und hergebogenen Zweige sind hellbraun bis rotbraun oder rötlich gefärbt, im Schatten auch olivgrün oder grünlich. Ihre Rinde ist kahl und glänzend und zeigt zahlreiche kleine, hell ockerfarbene oder graue, warzige Lentizellen (**D**, rechter Zweig). An Bereichen, an denen sich die abgestorbene Epidermis abhebt, wird sie grau glänzend. Unter der abgelösten Epidermis erscheint die kaffeebraune oder olivbraune Oberfläche des Periderms (**D**, linker Zweig).

B

C

Ø 210 cm

Rinde der Äste und Stämme

Das Oberflächenperiderm bleibt 10–15 Jahre erhalten und bildet eine **Glattrinde**. Diese nimmt eine hellbraune bis graugrünliche, manchmal auch violettbraune Farbe an und zeigt Lentizellen mit Längsspalt. Bei weiterem Wachstum der Stämme reißt sie, beginnend an den Lentizellen, senkrecht auf (**E**). An älteren Bäumen entwickelt sich eine **haftende Schuppenborke**. Sie bildet flache Längsfurchen und flache Leisten mit unregelmäßig verlaufenden Rändern und zum Teil feinen Querrissen. Oft reißt die Borke nicht mit durchgehenden Längsrissen, sondern mit versetzten Abschnitten auf (**A**, **F**). Hierdurch entsteht ein mehr oder weniger deutliches, längs orientiertes Netz. Die Leisten entwickeln sich mit der Zeit zu erhabenen Rippen, sodass ältere Borken ockerbraune bis dunkelbraune Rippen und Furchen aufweisen (**G**, **H**). Bei einer 200-jährigen Linde liegt die Dicke der Rinde bei etwa 2–2,5 cm.

Beachtenswert

Die Stammrinden von Sommer- und Winter-Linden lassen sich nur schwer unterscheiden. Oft hat die Winter-Linde jedoch eine etwas dunklere Rindenfarbe, unregelmäßigere Rippen und gröbere Furchen als die Sommer-Linde. Die Holländische Linde zeigt an den Stämmen häufig Maserknollen wie die Winter-Linde.
An allen Linden leben regelmäßig Gemeine Feuerwanzen (*Pyrrhocoris apterus*, **I**). Sie saugen mit Vorliebe an den Früchten und überwintern in der Streu unter den Bäumen. Besonders vom Herbst bis ins Frühjahr sitzen sie an sonnigen Tagen oft zu vielen an der Stammbasis und auf der Borke der Stämme. Sie ernähren sich nicht von der Rinde und beschädigen diese auch nicht. Wissenschaftler haben aber herausgefunden, dass sie vom Mikroklima dort profitieren: Wenn die Luft in der Sonne 0–2 °C aufweist, erreicht die Temperatur in der Streu unter dem Baum höchstens 3–6 °C, auf der Stammborke jedoch 8–12 °C.

Noch viel größere Ansammlungen kann die Lindenwanze (*Oxycarenus lavaterae*) auf Stämmen und Ästen bilden (J). Diese wärmeliebende Art stammt aus Südeuropa und breitet sich zunehmend nach Norden aus. In Österreich tauchte sie erstmals 2001 auf, in Süddeutschland 2004. Im Herbst und Frühjahr bevölkert sie oft zu Tausenden einzelne Lindenstämme, während auf anderen kaum Tiere sitzen. Sie überwintern vermutlich in Rindenritzen. Im Sommer leben sie in den Baumkronen und saugen an Blättern und unverholzten Pflanzenteilen. Die Lindenwanze kann auch zusammen mit der Feuerwanze auftreten. Sie bevorzugt aber offensichtlich die Winter-Linde.

Tilia platyphyllos
Sommer-Linde

Malvaceae (Malvengewächse)

Beschreibung

Der heimische, sommergrüne Laubbaum wächst besonders in krautreichen Bergwäldern feuchter Klimalagen. Früher wurde er auch häufig als Dorf- und Gerichtslinde gepflanzt. Er kann bis zu 40 m hoch werden. Sein kräftiger, bis zu 1,8 m dicker, selten noch dickerer Stamm wächst gerade. Bei freiem Stand verzweigt er sich ähnlich wie jener der Winter-Linde (*Tilia cordata*) bald in dicke, ansteigende, bis weit in die Krone ragende Hauptäste. So entwickelt er eine tief ansetzende, mächtige, breite, durch reiche Verzweigung dicht geschlossene und sehr regelmäßige Krone (**B**).

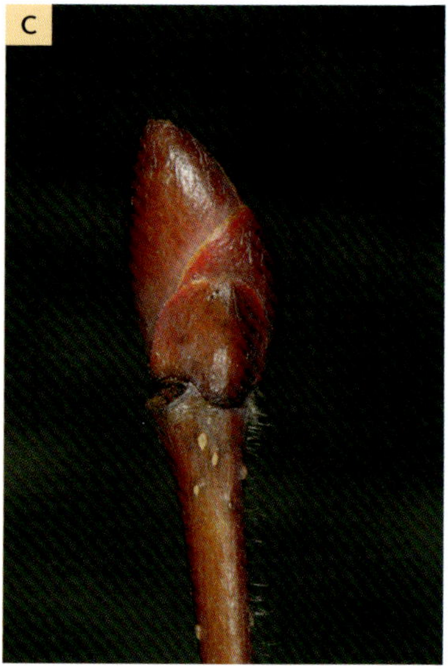

Rinde der Zweige

Die jungen, etwas hin und her gebogenen Zweige sind gelbgrün, grün oder olivgrün, auf der dem Licht zugewandten Seite oft braun, rot oder rotviolett überlaufen. Anfangs sind sie mehr oder weniger abstehend dünn oder flaumig behaart (**C**). Bereits im ersten Jahr entwickeln sich kleine, elliptische bis spindelförmige, warzige Lentizellen. Diese sind zuerst hellbraun, später braungrau gefärbt. Die Zweige verkahlen meist erst im zweiten Jahr. Sie glänzen dann schwach oder sind noch spärlich mit Sternhaaren besetzt. Ihre Farbe wechselt zu blass grau oder bräunlichgrau. Bei näherer Betrachtung erscheint die Oberfläche der Zweige nun durch die abgehobene Epidermis rissig. Bei weiterer Dickenzunahme der Zweige weichen die Epidermisreste oft netzartig auseinander (**D**).

Rinde der Äste und Stämme

Da das Oberflächenperiderm eine Lebensdauer von 15–20 Jahren erreichen kann, bleiben Äste und Stämme lange von einer **Glattrinde** bedeckt. Auf ihrer grünlichgrauen bis graubraunen, zunehmend hellgrauen, glänzenden Oberfläche sitzen einzelne und in Längsreihen angeordnete querelliptische oder rhombischen Lentizellen mit Längsspalt (**E**, **F** und S. 16). Bei weiterem Wachstum des Stammes springen einige dieser Längsreihen auf und Risse beginnen sich rötlichbraun oder dunkelbraun und wellig zu öffnen (**G**). Diese Längsrisse werden mit zunehmender Stammdicke breiter und tiefer. Es entsteht eine 8–20 mm dicke, grau- bis schwarzbraune, **haftende Schuppenborke**. Die Rippen zwischen den Spalten bleiben hier und da miteinander verbunden (**H**). Mit der Zeit entwickelt sich ein Netz, dessen Maschen ähnlich wie beim Füllen eines Einkaufsnetzes immer breiter werden. Mit zunehmendem Alter vertiefen sich die Längsfurchen immer weiter und die Rippen werden markanter (**A**, **I**).

Beachtenswert

Während Laubbäume in der Regel Zugholz entwickeln, um ihre Äste im vorgesehenen Winkel zu halten, bilden Linden Zugbast. Bei Ihnen ist also nicht das Holz, sondern die Rinde für die Anordnung der Äste im Raum verantwortlich. Die Bastfaserkomplexe und die einzelnen Fasern sind auf den Astoberseiten deutlich kräftiger und länger entwickelt als auf der Unterseite. Ein solcher Zugbast wirkt wie ein Stützkorsett. Er kann jedoch nie so große Anteile am Querschnittt eines Astes erreichen wie Zugholz. Zusätzlich trennen, sobald die Borkenbildung einsetzt, die dabei gebildeten Tiefenperiderme immer mehr Bastfaserbänder aus dem Rindenverband – die Wirkung des Zugbastes lässt deshalb mit der Dicke des Astes nach. Aus diesen Gründen neigen die Äste von Linden dazu, mit der Zeit abzusinken. In

die entstehenden Lücken in den Kronen wachsen dann oft aus den Hauptästen gebildete Seitenäste senkrecht nach oben (**J**).

Abgestorbene Lindenäste lassen sich an der faserreichen Rinde und der netzartigen Struktur des Bastes erkennen, der unter dem Kork liegt (**K**). Auch Rindenstücke, die Waldarbeiter von Lindenstämmen schälen, lassen sich gut an den breiten, hellen Bastfaserbändern erkennen (**L**). Die Bastfasern behalten ihre Zähigkeit auch in trockenem Zustand und verlieren sie erst bei fortschreitender Zersetzung.
Aus ganzen Rindenplatten stellten Russen früher Schachteln und Schuhsohlen her und deckten Dächer damit. Da die Bastfasern nicht nur zäh, sondern auch sehr geschmeidig sind, lassen sie

J

K

L

sich nach entsprechender Bearbeitung flechten und zu Säcken, Decken, Matten, Hüten, Schuhen und vielem mehr verarbeiten. Um den Bast zu gewinnen, wird die Rinde von Ästen und Stämmen geschält und mehrere Wochen in Wasser einweicht. Anschließend lässt sich der Bast in bis mehrere Zentimeter breiten Lagen herauslösen. Schon die Siedler der Jungsteinzeit verwendeten Lindenbast für Textilien und Netzbeutel. Das Volk der Samen in Skandinavien drehte ihn früher auch zu daumendicken Seilen, aus denen sie Bärennetze fertigten. Wenn wir also heute Bindebast im Garten oder der Blumenbinderei verwenden, so nützen wir nur noch einen geringen Anteil des Potentials dieses Werkstoffes. Meistens stammt der Bindebast nicht einmal mehr von Linden, sondern es handelt sich um Fasern aus den Blättern der in Ostafrika und auf Madagaskar heimischen Raffia-Palme (*Raphia farinifera*), die auch als Raffiabast bezeichnet werden.

Tsuga canadensis

Kanadische Hemlocktanne

Pinaceae (Kieferngewächse)

A

Ø 22 cm

Beschreibung

Der immergrüne Nadelbaum steht in Mitteleuropa in vielen Parks und Gärten, jedoch nur gelegentlich im Forst. In seiner kanadischen Heimat kann der Baum bis zu 30 m hoch werden und wächst meist einstämmig. Der Stamm erreicht dabei eine Dicke von bis zu 1,5 m. Besonders bei freiem Stand treten bei uns häufig auch mehrstämmige Exemplare auf. Die Krone ist breit konisch und unregelmäßig aufgebaut (**B**). Ihr Gipfeltrieb hängt oft über.

B

Rinde der Zweige

Junge Zweige sind gelbbraun und tragen eine dicht flaumig behaarte Epidermis. Schon in der ersten Vegetationsperiode entwickelt sich ein Periderm. Die Epidermis schilfert bald ab, sodass die benadelten Zweige bereits nach einem Jahr kahl sind. Die herablaufenden Nadelbasen und die etwas erhabene Nadelkissen sind noch lange sichtbar und sorgen für eine raue Oberfläche (**C**). Ab einer Zweigdicke von 2–3 cm kann das Periderm papierdünne Schuppen bilden.

C

Rinde der Äste und Stämme

An Ästen und jungen Stämmen ist die Rinde anfangs grau-, grün- oder rötlichbraun und besitzt deutliche, helle Lentizellen, die zu ziemlich langen Querbändern angeordnet sein können (**D**). Mit zunehmender Dicke reißt diese **Glattrinde** unregelmäßig, oft in Bögen, auf. Dann lösen sich verschieden große Schuppen mit rundlichen oder eckigen Rändern (**E**, **F**). In der Folge entsteht eine graubraune, **abblätternde Schuppenborke**. Sie wird immer rissiger (**G**). Dabei entstehen mehr oder weniger deutliche, oft recht breite Längsfurchen (**A**). Mit der Zeit blättern immer mehr ziemlich kleine, dünne oder bis zu mehrere Millimeter dicke Schuppen ab (**H**).

D Ø 5 cm

E Ø 7 cm

F Ø 10 cm

Beachtenswert

Die Rinde enthält einen Balsam, der als Kanadabalsam in den Handel kommt. Häufiger stammt dieser jedoch von der ebenfalls in Kanada heimischen Balsam-Tanne (*Abies balsamea*). Kanadabalsam enthält ätherische Öle, Harz, Bitterstoffe und weitere Bestandteile und duftet angenehm, etwas terpentinartig. Mikroskopiker kennen ihn als transparent trocknendes Einschlussmittel. Kanadier nehmen ihn bei Husten und Verletzungen ein. Kanadische Indianerstämme nutzten auch die ganze Rinde als Wundverband. Homöopathen verwenden eine potenzierte Zubereitung aus frischer Rinde und Zweigen unter der Bezeichnung „Abies canadensis" gegen Verdauungsstörungen.

G Ø 22 cm

H Ø 12 cm

Ulmus glabra

Berg-Ulme

Ulmaceae (Ulmengewächse)

Beschreibung

Der 20–30 m, gelegentlich bis 40 m hohe, heimische, sommergrüne Laubbaum wächst besonders in Schlucht- und Hangwäldern. Er bildet einen unregelmäßigen oder geraden Stamm, der einen Durchmesser von bis über 2 m erreichen kann. Im Bestand geht der Stamm bis zur Spitze durch oder teilt sich im oberen Kronenbereich in mehrere kräftige, aufwärts gerichtete Äste, sodass eine schlanke, rundovale Krone entsteht (**B**). Bei frei stehenden Bäumen gabelt sich der Stamm meist bereits früh und es bildet sich eine breite, rundliche Krone mit bogig überhängenden Ästen. Junge Bäume wachsen schmal pyramidenförmig. Der Baum entwickelt keine Wurzelbrut, zeigt an der Stammbasis aber gelegentlich Brettwurzelanläufe. Stubben gefällter Bäume bilden Stockausschläge.

Rinde der Zweige

Die Rinde der hin und her gebogenen, jungen Zweige ist rotbraun, bräunlich oder olivgrün und trägt ein dichtes, abstehendes, weißliches Haarkleid, wodurch ein etwas gräulicher Eindruck entsteht (**C**). Die Behaarung verliert sich meist im dritten Jahr. Die nun kahlen Zweige sind hellgrau und zeigen deutliche, hellocker oder braun gefärbte, buckelige, spindelförmige Lentizellen.

Rinde der Äste und Stämme

An Ästen und Stämmen bleibt das Oberflächenperiderm lange erhalten. Es bildet anfangs eine grünliche, silbergraue bis bräunliche **Glattrinde** (**D**). An etwas

D Ø 4|2 cm

E Ø 14 cm

F Ø 4|7|26 cm

dickeren Stämmen entstehen rötliche oder bräunliche Längsrisse. Insgesamt wirkt die Rinde jedoch längere Zeit ziemlich glatt (**E**, **F**, **G**). Hierauf bezieht sich der wissenschaftliche Artname *glabra* (lat. = glatt). Erst im Alter entwickelt sich eine **haftende Schuppenborke** mit tiefen Längsfurchen. Sie ist matt, grau, dunkelbraun oder graubraun. Anfangs erscheinen die Längsfurchen in der Tiefe häufig rötlichbraun und die Rippen bilden ein regelmäßiges Netz (**A**, **H**). Die Rippen reißen zunehmend quer auf und werden schließlich durch deutliche Querrisse stark gefeldert (**I**). Bei dickeren Bäumen erinnert die Borke sowohl an die von Eichen (*Quercus robur, Quercus petraea*) als auch alten Spitz-Ahornen (*Acer platanoides*).

Beachtenswert

Der Bast der Rinde lässt sich als Bindematerial verwenden, spielte jedoch auch früher nie die Rolle wie Lindenbast (siehe S. 364). Er diente besonders für Stricke und zum Flechten von Bienenkörben. Die Rinde war auch ein wichtiges Ausgangsmaterial für Pottasche.

Ähnliche Art

Die ebenfalls heimische **Flatter-Ulme** (*Ulmus laevis*) besitzt fast immer Brettwurzeln (J). An ihrem Stamm sitzen zudem häufig zahlreiche kurze Wasserreiser, die an älteren Stämmen zu Wasserreiserknollen zusammenwachsen können. Ihre jungen Triebe sind glänzend grau-, oliv- bis rotbraun, auf der Schattenseite auch gelblichgrün. Sie sind anfangs von einem grauen,

weichen Flaum, an der Spitze auch von steifen Haaren bedeckt, die aber relativ rasch verschwinden. Ältere Triebe sind hell oder dunkler, graubraun oder grau und kahl.
Die graubraune oder auch rötlichbraune Rinde der Äste und Stämme reißt früh, aber nie tief längs auf. Sie bleibt dünner, glatter und heller als bei der Berg-Ulme und der Feld-Ulme (*Ulmus minor*). Hierauf deutet auch der Artname *laevis* (lat. = glatt, eben) hin. Es entsteht eine graubraune, längsrissige **Schuppenborke** mit flachen Furchen. Ihre Rippen sind in unterschiedlich große, anfangs rechteckige Schuppen gegliedert (**L**). Diese haften lange am Stamm, krümmen sich aber mit der Zeit nach außen und können sich bei alten Stämmen in dünnen Streifen oder als flache Schuppen ablösen (**K**).

Ulmus minor

Feld-Ulme

Ulmaceae (Ulmengewächse)

Beschreibung

Das sommergrüne, heimische Laubgehölz wächst meist als Strauch oder kleiner, breitkroniger Baum, besonders in Hecken und an Waldrändern. Häufig wird es nur bis zu 8 m hoch. Gelegentlich entwickeln sich auch schlanke Bäume, die eine Höhe von 25–30 m oder sogar bis zu 45 m erreichen. Der Stamm ist gerade oder häufig etwas krumm und geht meistens nicht bis zur Spitze durch. Bei großen Bäumen kann er einen Durchmesser von 1–2 m erreichen. Die Äste sind zunächst aufwärts gerichtet, orientieren sich später aber waagerecht. Die Zweige sind fischgrätenartig ausgebreitet, aufrecht bis überhängend (**B**). An der Basis entwickeln sich häufig Wurzelschosse.

Rinde der Zweige

Die jungen, dünnen Zweige sind rotbraun oder rötlichgelb, auf der Schattenseite oft oliv gefärbt. Anfangs sind sie abstehend behaart. Bereits am Ende des ersten Jahres sind sie meist kahl und höchstens noch an der Spitze schwach weiß behaart. Sie besitzen nun eine glänzende Oberfläche mit einigen kleinen, hellbraunen, warzigen Lentizellen. Bald wird die Rinde fein längsrissig (**C**). Schon an zweijährigen Zweigen können dicke, hellbraune Korkwülste und Korkleisten vorkommen, müssen es aber nicht (**D**). Einige Systematiker gehen davon aus, dass diese taxonomisch wenig relevant sind, andere unterscheiden eine Unterart *Ulmus minor* var. *suberosa*, bei der die Korkleisten mehrere Millimeter hohe

D
E
F

Korkflügel bilden können (**E**). Es handelt sich hierbei um echte Korkleisten, zwischen denen oft noch normale Epidermis vorhanden ist. Da die Entwicklung des Korkkambiums besonders unterhalb der Blattansatzstellen und in der Nähe von ruhenden Knospen verzögert ist, zeigen sich dort meist deutliche Einschnitte in den Leisten.

Rinde der Äste und Stämme

Das Oberflächenperiderm junger Stämme ist bei Exemplaren ohne Korkleisten graubeige und glatt. Es zeigt quer gestreckten Lentizellen und springt bald längs auf (**F**, **G**). Bei Exemplaren mit Korkleisten zeigen sich rund um den Stamm deutliche Korkwülste, zwischen denen Längsrisse entstehen (**H**). Ältere Bäume besitzen eine tief längs- und querrissige, graubraune **Schuppenborke** mit netzartig verlaufenden, korkreichen Rippen. Diese können je nach Exemplar flacher oder höher ausgeprägt sein (**I**, **J**). Der Grund der Furchen ist zumindest anfangs oft ockerfarben bis rötlichbraun gefärbt (**A**). Bei alten Bäumen nimmt die Borke eine dunkelbraune bis grauschwarze Farbe an und zeigt tiefe Furchen und buckelige Rippen mit eckigen, zerklüfteten Schuppen, wodurch sie deutlich gefeldert wirkt (**K**).

Beachtenswert

Ulmenrinde enthält nicht nur Gerbstoffe, sondern – in besonderen Schleimzellen der Innenrinde (lebenden Rinde) – auch schleimige Kohlenhydrate. Bedingt durch

diese gut verfügbaren Kohlenhydrate eignet sich Ulmenrinde als Viehfutter und diente früher in Notzeiten sogar dem Menschen als Nahrung. Die von Kork und Borke befreite Zweigrinde der Flatter-Ulme (*Ulmus laevis*) wird in der Volksheilkunde bei unspezifischem Durchfall verwendet. Sowohl Gerbstoffe wie auch die Schleime können zur Heilwirkung beitragen.

Literatur

ANGYALOSSY, V., Pace, M.R., Evert, R.F., Marcati, C.R., Oskolski, A.A., Terrazas, T., Kotina, E., Lens, F., Mazzoni-Viveiros, S.C., Angeles, G., Machado, S.R., Crivellaro, A., Rao, K.S., Junikka, L., Nikolaeva, N., Baas, P. (2016): IAWA List of Microscopic Bark Features. IAWA Journal 37 (4): S. 517–615.

AUSTIN, D.F. (2004): Florida Ethnobotany. CRC Press, Boca Raton.

BACHOFER, M., Mayer, J. (2015): Der Kosmos-Baumführer: 370 Bäume und Sträucher Mitteleuropas. Franckh Kosmos Verlag, Stuttgart.

BEISSNER, L., Fitschen, J. (1930): Handbuch der Nadelholzkunde. Paul Parey, Berlin.

BERLIZOV, A.N., Blum, O.B., Filby, R.H., Malyuk, I.A., Tryshyn, V.V. (2007): Testing applicability of black poplar (Populus nigra L.) bark to heavy metal air pollution monitoring in urban and industrial regions. Science of the Total Environment 372, S. 693–706.

BERTRAND, S., Ameur, R.B., Cerutti, G., Coquin, D., Valet, L., Tougne, L. (2018): Bark and leaf fusion systems to improve automatic tree species recognition. Ecological Informatics 46, S. 57–73.

BHAT, K.M. (1982): Anatomy, basic density and shrinkage of birch bark. IAWA Bulletin n.s., Vol. 3, S. 207–213.

BLASCHEK, W. et al (Hrsg) (2017): Hagers Enzyklopädie der Arzneistoffe und Drogen. Erstausgabe 2001, regelmäßige fortlaufende Aktualisierungen. WVG, Stuttgart.

BÖHLMANN, D. (2013): Gehölzbiologie. Warum Bäume nicht in den Himmel wachsen. Quelle & Meyer Verlag, Wiebelsheim.

BOSSHARD, H.H. (1975): Holzkunde: Band 3: Aspekte der Holzbearbeitung und Holzverwertung. Birkhäuser, Basel und Stuttgart.

CHANG, Y.-P. (1954): Bark Structure of North American Conifers. United States Department of Agriculture Washington, D.C., Technical Bulletin No. 1095.

CODER, K.D. (2014): Components of Periderm. Tree Anatomy Series WSFNR14–13, Warnell School of Forestry & Natural Resources, University of Georgia.

CODER, K.D. (2014): Periderm Appearance. Tree Anatomy Series WSFNR14–14, Warnell School of Forestry & Natural Resources, University of Georgia.

CRIVELLARO, A., Schweingruber, F.H. (2013): Atlas of Wood, Bark and Pith Anatomy of Eastern Mediterranean Trees and Shrubs with a Special Focus on Cyprus. Springer-Verlag, Berlin Heidelberg.

DENGLER, K. (2007): Seltsame Schälschäden. Wer dächte dabei ans Eichhörnchen? Wald und Holz 88, 11, S. 56–59.

DRÄGER, B., Neubert, R., Galgon, T., Wohlrab, W. (2006): Herstellung von Betulinsäure. Patent DE19713768B4.

ESCHRICH, W. (1995): Funktionelle Pflanzenanatomie. Springer-Verlag, Berlin Heidelberg.

ESCHRICH, W. (2016): Gehölze im Winter: Zweige und Knospen. Springer-Verlag, Berlin Heidelberg.

EVERT, R. F. (2009): Esaus Pflanzenanatomie. Meristeme, Zellen und Gewebe der Pflanzen – ihre Struktur, Funktion und Entwicklung. Walter de Gruyter GmbH & Co. KG, Berlin.

FUJII, T., Hirata, T., Yoshitake, T., Okano, M., Hirakawa, Y. (1992): Preliminary Study on the Relationship between Bark Structure and Fire Resistance. Conference Paper. The 43th Annuae Meeting of AIBS (the American Institute of Botanical Science). At Hawaii, USA.

FUJII, T., Osumi, K., Kubono, T. (2018): Resin canals in "hiwada" bark of hinoki (Chamaecyparis obtusa) as roofing material. Bulletin of FFPRI, Vol. 17 No.4 (No. 448), S. 305–317.

GODET, J.-D. (2008): Knospen und Zweige – Einheimische Bäume und Sträucher. Verlag Eugen Ulmer, Stuttgart.

GODET, J.-D. (2011): Baumrinden: Vergleichen und bestimmen. Verlag Eugen Ulmer, Stuttgart.

HANSTEIN, J. (1853): Untersuchungen über den Bau und die Entwicklung der Baumrinde. Verlag von W.F. Müller, Berlin.

HARRIS, J. M. (1989): Spiral Grain and Wave Phenomena in Wood Formation. Springer-Verlag, Berlin Heidelberg.

HECKER, U. (2008): Einheimische Gehölze nach Knospen und Zweigen bestimmen. Quelle & Meyer Verlag, Wiebelsheim.

HOLDHEIDE, W. (1951): Anatomie mitteleuropäischer Gehölzrinden. In: H. Freund, Handbuch der Mikroskopie in der Technik, Bd. V, Teil 1, S. 193–367. Umschau-Verlag, Frankfurt/M.

KRICK, F. (2013): Über die Rindenknollen der Rotbuche. Inaugural-Dissertation. Dogma in Europäischer Hochschulverlag GmbH & Co. KG, Bremen.

KUPFERSCHMID, A. (2001). Holzkunde II, Teil 4, Rindenkunde und Rindenverwertung. ETH Zürich Research Collection. https://doi.org/10.3929/ethz-a-004536640.

KÜPPERS, U., Tributsch, H. (2002): Verpacktes Leben – Verpackte Technik. Bionik der Verpackung. Wiley-VCH Verlag GmbH, Weinheim.

LAPINJOKI, S.P., Elo, H.A., Taipale, H.T. (1991): Development and structure of resin glands on tissues of Betula pendula Roth. during growth. New Phytologist 117, S. 219–223.

LEISTIKOW, K.U., Thüs, H. (2017): The woodbook: the complete plates, the American woods, Romeyn Beck Hough. Taschen GmbH, Köln.

LEITE, C., Pereira, H. (2017): Cork-Containing Barks – A Review. Frontiers in Materials. www.frontiersin.org, doi: 10.3389/fmats.2016.00063.

LITTLE, S.A., Jacobs, B., McKechnie, S.J., Cooper, R.L,. Christianson, M.L., Jernstedt, J.A. (2013): Branch architecture in Ginkgo biloba: Wood anatomy and long shoot-short shoot interactions. American Journal of Botany 100 (10), S. 1923–1935.

MOELLER, J. (1882): Anatomie der Baumrinden: Vergleichende Studien. Springer-Verlag, Berlin Heidelberg.

MORRIS, H., Jansen S. (2017): Bark: Its anatomy, function and diversity. https://www.researchgate.net/publication/318457183.

PFANZ, H., Aschan, G. (2001): The Existence of Bark and Stem Photosynthesis in Woody Plants and Its Significance for the Overall Carbon Gain. An Eco-Physiological and Ecological Approach. In: Esser, K., Lüttge, U., Kadereit, J.W., Beyschlag, W. (eds): Progress in Botany, Vol 62. Springer-Verlag, Berlin Heidelberg.

ROLOFF, A., Weisgerber, H., Lang, U.M., Stimm, B. (2008): Enzyklopädie der Holzgewächse. Handbuch und Atlas der Dendrologie. Wiley-VCH, Weinheim. Mit jährlichen Ergänzungen und Aktualisierungen online DOI: 10.1002/9783527678518.

ROLOFF, A., Weisgerber, H., Lang, U.M., Stimm, B (2010): Bäume Nordamerikas. Von Alligator-Wacholder bis Zuckerahorn. Wiley-VCH, Weinheim.

SCHMIDT, J., Batic, F., Pfanz, H. (2000): Photosynthetic Performance of Leaves and Twigs of Evergreen Holly (Ilex aquifolium L.). Phyton 40, S. 179–190.

SCHULZ, B. (2013): Gehölzbestimmung im Winter mit Knospen und Zweigen. Verlag Eugen Ulmer, Stuttgart.

SCHÜTT, P., Weisgerber, H., Schuck, H.J., Lang, U.M., Stimm, B., Roloff, A. (2008): Lexikon der Nadelbäume. Nikol Verlagsgesellschaft, Hamburg.

SCHWANKL, A. (1953): Die Rinde. Das Gesicht des Baumes. Frankh'sche Verlagshandlung W. Keller & Co., Stuttgart.

SCHWEPPE, H. (1993): Handbuch der Naturfarbstoffe. ecomed Verlagsgesellschaft, Landsberg/Lech.

SHIBUI, H., Sano, Y. (2018): Structure and formation of phellem of Betula maximowicziana. IAWA Journal 39 (1), S. 18–36.

SPALT, K.W., Reifsnyder, W. E. (1962): Bark Characteristics and Fire Resistance: A Literature Survey. Occasional Paper 193, Southern Forest Experiment Station, Forest Service, U.S. Department of Agriculture in cooperation with School of Forestry, Yale University.

SPOHN, M., Spohn, R. (2011): Kosmos-Baumführer Europa. Franckh-Kosmos Verlag, Stuttgart.

SPOHN, M., Spohn, R. (2016): Bäume und ihre Bewohner. Haupt Verlag, Bern.

STINGLWAGNER, G., Haseder, I., Erlbeck, R. (2016): Das Kosmos Wald- und Forstlexikon. Franckh Kosmos Verlag, Stuttgart.

VAUCHER, H. , Godet, J-D. (2000): Baumrinden. Aussehen, Struktur, Funktion, Eigenschaften. Naturbuch Verlag Augsburg.

VON UXKULL-GYLLENBAND, K.O. (1845): Kurze Beschreibung der oesterreichischen Schwarzkiefer, Pinus nigra austriaca und ihres Nutzens für die Forst- und Landwirtschaft. Sauerländer, Frankfurt/M.

WOJTECH, M. (2011): Bark: A field Guide to Trees of the Northeast. University Press of New England.

Glossar

Die Seitenangaben im Glossar verweisen auf Seiten der Einleitung, in denen nähere Informationen oder Abbildungen zu dem Begriff zu finden sind.

Abblätternde Schuppenborke: Schuppenborke, die in sich ablösende Schuppen oder Platten zerfällt. Seite 21.

Abschiedskragen: Ausgeprägter Wulst am Stamm, um die Ansatzstelle eines Astes, entsteht bei manchen Baumarten, bevor dieser den Ast abstößt. Seite 26.

Abschlussgewebe: Gewebe, die die verschiedenen Teile des Gehölzes nach außen abschließen.

Ätherische Öle: Meist Mischung verschiedener Stoffe, die bereits bei Zimmertemperatur vollständig verdunsten und intensiv und charakteristisch riechen und schmecken.

Äußere Rinde: Tote äußere Rindenschichten, je nach Baumart Borke oder Kork.

Balsam: Lösung von Harz in ätherischem Öl.

Bast: Beim Dickenwachstum von Stämmen, Ästen und Wurzeln vom Kambium nach außen abgegeben Zellen (sekundäre Rinde, sekundäres Phloem). Besteht aus Leitungsbahnen und Festigungsgewebe. Der direkt an das Kambium anschließende Bastbereich leitet organische Stoffe besonders von oben nach unten.

Baumkrebs: Durch verschiedene Erreger ausgelöste Stamm- oder Astwucherungen. Seite 29.

Baumperle: Synonym zu → Rindenknolle.

Borke: Nicht lebende äußere Rinde, alle außerhalb des innersten (lebenden) Korkkambiums gelegenen Gewebe. Besteht aus toten Bastschichten, toten Peridermen und toter primärer Rinde. Meist auffällig und oft charakteristisch strukturiert. Seite 17.

Brettwurzel: Schmale aber hohe und damit brettartige, über der Bodenoberfläche sichtbare Wurzelanläufe direkt an der Stammbasis, sind häufig rings um den Baum angeordnet. Fördern die Standfestigkeit hoher Bäume.

Chinesenbart: Auf glatten Rinden zusätzlich zu den Rundnarben auftretende Rindenquetschfalte, verläuft bogenförmig nach unten. Seite 24.

Chlorophyll: Blattgrün, grüner Pflanzenfarbstoff, spielt eine Schlüsselrolle bei der Fotosynthese.

Drehwuchs: Stamm mit spiralförmig um die Achse verlaufenden Fasern. Seite 27.

Epidermis: Primäres Abschlussgewebe. Einzellige Schicht z. B. auf jungen Zweigen, Wurzeln und Blättern. Seite 9.

Epiphyt: Pflanze, die auf anderen Pflanzen sitzt, ohne diesen Wasser oder Nährstoffe zu entziehen (Aufsitzerpflanze).

Fotosynthese: Stoffwechselprozess grüner Pflanzen, bei dem mit Hilfe des Sonnenlichts Kohlenhydrate gebildet und Sauerstoff freigesetzt werden.

Gerbstoffe: Sekundärstoffe, mit denen sich Tierhäute gerben lassen. Seite 31.

Glattrinde: Glattes Abschlussgewebe auf Stämmen und Ästen, das durch eine ziemlich dünne Korkschicht gebildet wird und sich nicht abrollt. S. 12.

Gummi: Hauptsächlich aus Mehrfachzuckern und Pflanzensäuren bestehendes geruchloses Gemisch, das anfangs weich, später elastisch hart ist. Tritt bei Verletzung aus verschiedenen Laubbaumarten aus.

Haftende Schuppenborke: Schuppenborke, die fest am Stamm haftet und rissig aufbricht. Seite 21.

Harze: Nichtflüchtige Stoffe, die z.B. von Nadelgehölzen in Rinde oder Holz gebildet werden und u.a. dem Wundverschluss dienen. Zusammen mit ätherischen Ölen bilden sie zähe, klebrige, duftende, aromatische Flüssigkeiten (Balsame), die bei Verletzung ausfließen. Nach Verdunsten der ätherischen Öle erstarren sie meist.

Holz, Holzkörper: Von der Rinde umschlossener, innerer Teil der Stämme, Äste und Wurzeln der Gehölze. Wird beim Dickenwachstum vom Kambium nach innen abgegeben.

Initialperiderm: Synonym zu → Oberflächenperiderm.

Innere Rinde: Lebende innere Rindenschichten. Besteht je nach Entwicklungsstadium der Rinde nur aus Bast oder aus Bast und lebender Korkhaut.

Kambium: Wachstumsschicht aus teilungsfähigem Gewebe zwischen Holz und Rinde. Verantwortlich für das Dickenwachstum. Bildet nach innen Zellen des Holzes, nach außen Zellen des Bastes. Seite 9.

Kork: Vom Korkkambium nach außen abgegebene Zellschichten, die nach vollständiger Entwicklung tot und wasserundurchlässig sind. Seite 10.

Korkhaut: Vom Korkkambium nach innen gebildetes, meist nur dünnes Gewebe. Seite 10.

Korkkambium: In der Rinde neu gebildete Wachstumsschicht aus teilungsfähigem Gewebe. Bildet nach außen Korkzellen, nach innen Korkhaut. Seite 10.

Korkleisten: Aus Kork bestehende Leisten auf Zweigen. Entstehen durch Wachstum (Echte Korkleisten) oder Aufreißen (Falsche Korkleisten) S. 14.

Kugeltrieb: Synonym zu → Rindenknolle.

Leitgewebe: Xylem und Phloem.

Lentizelle: Poren im Kork, die mit lockeren Zellmassen gefüllt sind und einen Gasaustausch mit der Umgebung ermöglichen. Seite 15.

Maserknolle: Mit dem Holzkörper des Stammes verbundene, oft sehr große Knolle, entsteht, wenn der Baum den Austrieb vieler schlafender Knospen überwallt. Seite 28.

Netzborke: Synonym zu → haftender Schuppenborke.

Oberflächenperiderm: Sekundäres Abschlussgewebe. Erstes Periderm, das beim Dickenwachstum die Epidermis ersetzt. Seite 10.

Parenchym: Grundgewebe aus ziemlich dünnwandigen Zellen.

Periderm: Besteht aus Kork, Korkkambium und Korkhaut. Seite 10.

Phellem: Synonym zu → Kork.

Phelloderm: Synonym zu → Korkhaut.
Phellogen: Synonym zu → Korkkambium.
Phloem: Gewebe, das für den Transport von organischen Stoffen wie die Zucker aus der Fotosynthese und Aminosäuren zuständig ist. Leitet Stoffe in erster Linie vom Ort der Produktion an den Ort, an dem die Pflanze sie benötigt. Enthält außer den Leitungsbahnen auch Fasern und Festigungszellen.
Primäre Rinde: Gewebe zwischen Leitgewebesystem und Epidermis in jungen Trieben. Seite 9.
Rinde: Alle lebenden und toten Gewebeschichten außerhalb des Kambiums.
Rindenknolle: Erbsen- bis faustgroße, in die Rinde eingebettete Kugel an den Stämmen. Seite 28.
Ringborke, Ringelborke: Synonyme zu → Streifenborke.
Ringelkork: Abschlussgewebe, das durch eine ziemlich dünne Korkschicht gebildet wird und sich nicht abrollt. Seite 12.
Rosette: Rundnarbe bei Bäumen mit grober Borke. Seite 24.
Rundnarbe: Runde Narbe in der Rinde, entsteht, wenn ein Ast abstirbt oder abbricht und der Stamm die Stümpfe überwallt.
Schlafende Knospe: Knospe, die nie oder erst nach einem bestimmtem Reiz (z. B. Verletzung, Änderung des Lichtangebots) zum Austreiben angeregt wird.
Schuppenborke: Borke, bei der die Tiefenperiderme als muschel- oder schuppenförmige Schichten angelegt werden. Seite 20.
Schuppen-Faserborke: Schuppenborke mit reichlich Fasern, Synonym zu → haftender Schuppenborke. Seite 21.
Schuppen-Steinzellborke: Schuppenborke mit Steinzellen statt Fasern, Synonym zu → abblätternder Schuppenborke. Seite 21.
Sekundäres Phloem, sekundäre Rinde: Synonyme zu → Bast.
Sekundärstoff: Substanz, die nicht zur Grundausstattung jeder Pflanze gehört, aber für ihre Beziehung zur Umwelt wichtig ist. Seite 31.
Siegel: Synonym zu → Rundnarbe.
Spannrückigkeit: Stamm mit unregelmäßigen Längsfurchen und -wülsten. Seite 26.
Spiegelrinde: Glänzende, das Licht reflektierende Glattrinde.
Streifenborke: Borke, bei der sich die Tiefenperiderme als geschlossene oder fast geschlossene Zylinder entwickeln. Seite 19.
Suberin: Wasserabweisende Substanz, die die Zellwände von Korkzellen imprägniert und damit wasserundurchlässig macht.
Tafelborke: Grobrissige Schuppenborke mit deutlichen Querrissen.
Tertiäre Rinde: Synonym zu → Oberflächenperiderm.
Tiefenperiderme: Periderme, die später als das Oberflächenperidem angelegt werden. Voraussetzung ist die Anlage von nachfolgenden Korkkambien in tieferen Rindenschichten. Seite 17.
Wasserreiser, Wassertriebe: Aus schlafenden Knospen austreibende Sprosse.
Wimmerwuchs: Wellen und Wülste quer zur Stammachse. Seite 27.

Winkelnarbe: Synonym zu → Chinesenbart.

Xylem: Leitgewebe, das für den Transport von Wasser und Nährsalzen besonders von unten nach oben verantwortlich ist.

Register

A

Abies 14
Abies alba 21, 27, 64
Abies balsamea 368
Acer 10, 25, 319
Acer campestre 70, 77
Acer capillipes 78
Acer conspicuum 78
Acer davidii 78
Acer griseum 78
Acer pensylvanicum 78
Acer platanoides 21, 23, 42, 74, 371
Acer pseudoplatanus 18, 21, 27, 40, 80
Acer rufinerve 78
Acer saccharinum 30, 85
Acer saccharum 88
Aesculus hippocastanum 27, 89
Agrobacterium tumefaciens 29
Ahorn 10, 25, 319
Ahorn, Amerikanischer Schlangenhaut- 78
Ahorn, Amerikanischer Streifen- 78
Ahorn, Berg- 18, 21, 27, 40, 80
Ahorn, Davids Schlangenhaut- 78
Ahorn, Feld- 70, 77
Ahorn, Japanischer Schlangenhaut- 78
Ahorn, Rostnerviger Schlangenhaut- 78
Ahorn, Roter Schlangenhaut- 78
Ahorn, Silber- 30, 85
Ahorn, Spitz- 21, 23, 42, 74, 371
Ahorn, Weiß- 82
Ahorn, Zimt- 78
Ahorn, Zucker- 88
Ailanthus altissima 27, 94
Algen 39
Alnus 37
Alnus glutinosa 21, 98
Alnus incana 14, 102
Amberbaum, Amerikanischer 198
Amberbaum, Orientalischer 202
Ambrosiapilze 36
Apfel 14
Apfel, Holz- 215
Apfel, Kultur- 17, 27, 30, 32, 211, 288, 339
Armillaria sp. 42
Asseln 34
Athelia epiphylla 41
Auricularia auricula-judae 319

B

Baarapfel 212
Baumläufer 38
Betula 18, 24, 27, 31, 254, 266
Betula albosinensis 115
Betula ermanii 115
Betula lenta 14, 115
Betula nigra 14, 116
Betula papyrifera 39, 114
Betula pendula 14, 22, 29, 103
Betula pubescens 14, 35, 110
Betula utilis var. *jacquemontii* 115
Biber, Europäischer 37
Birke 18, 24, 27, 31, 254, 266
Birke, Ermans 115
Birke, Gewöhnliche Zucker- 115
Birke, Hänge- 14, 22, 29, 103
Birke, Kupfer- 115
Birke, Moor- 14, 35, 110
Birke, Papier- 39, 114
Birke, Sand- 103
Birke, Schwarz- 14, 116
Birke, Warzen- 103
Birke, Weiße Himalaya- 115
Birke, Zucker- 14
Birne 14
Birne, Holz- 290
Birne, Kultur- 27, 73, 219, 287, 339
Bodenbakterium 29
Borkenkäfer 35
Buche 14, 24, 37
Buchenwollschildlaus 35
Buche, Rot- 12, 22, 25, 27, 28, 35, 40, 83, 86, 149, 254, 266, 281, 319

C
Carpinus 14, 24, 26, 37
Carpinus betulus 26, 117
Carya ovata 19
Castanea sativa 27, 121
Castor fiber 37
Cedrus atlantica 125
Celtis australis 155
Chamaecyparis lawsoniana 130
Chamaecyparis obtusa 133
Chondrostereum purpureum 41
Citrus 10
Clematis 19
Cornus mas 134
Corylus avellana 14, 42, 141
Corylus colurna 15, 138
Crataegus 148, 219
Crataegus laevigata 143
Crataegus laevigata 'Paul's Scarlett' 144
Crataegus monogyna 142
Cryptococcus fagisuga 35
Cydonia oblonga 145, 219

D
Douglasie 14
Douglasie, Gewöhnliche 282
Dreizehenspecht 38

E
Eberesche, Gewöhnliche 28, 333, 339
Efeu 152
Eibe 14, 18, 26
Eibe, Gewöhnliche 348
Eibe, Pazifische 351
Eiche 14, 18, 25, 26, 31, 339, 371
Eiche, Kork- 13, 23, 24
Eiche, Rot- 299
Eiche, Stiel- 21, 38, 262, 292, 295
Eiche, Trauben- 11, 21, 25, 291
Eichhörnchen 37
Eisenholzbaum, Persischer 224
Elsbeere 336
Erle 37
Erle, Grau- 14, 102
Erle, Schwarz- 21, 98
Esche 21, 37, 42
Esche, Gewöhnliche 36, 40, 43, 161
Eschenbastkäfer, Kleiner Grauer 36
Espe 265
Euonymus europaeus 15
Eurois occulta 35

F
Fagus 14, 24, 37
Fagus sylvatica 12, 22, 25, 27, 28, 35, 40, 83, 86, 149, 254, 266, 319
Fagus sylvatica var. *quercoides* 152
Faulbaum, Gewöhnlicher 156
Feuerwanze, Gemeine 359
Fichte 14, 18
Fichte, Gewöhnliche 27, 35, 41, 228
Fichte, Serbische 233
Fichtenbastkäfer, Doppeläugiger 35
Flachstrecker, Grauer 34
Flechten 42
Flieder, Gewöhnlicher 23, 38, 340
Frangula alnus 156
Fraxinus 21, 37, 42
Fraxinus excelsior 36, 40, 43, 161
Frullania dilatata 40

G
Gelbflechte, Gewöhnliche 264
Gespinstmotten, Traubenkirschen- 281
Ginkgo 17, 167
Ginkgo biloba 167
Gleditschie, Amerikanische 172
Gleditsia triacanthos 172
Gliederfüßer 34
Goldregen 14, 329
Goldregen, Alpen- 189
Goldregen, Gewöhnlicher 186
Goldregen, Hybrid- 189
Götterbaum, Drüsiger 27, 94
Grünalgen 39

H
Hainbuche 14, 24, 26, 37
Hainbuche, Gewöhnliche 26, 117
Hallimasch 41, 42
Hasel, Baum- 15, 138
Hasel, Gewöhnliche 14, 42, 141
Heckenkirsche 19
Hedera helix 152
Heidelbeereule, Graue 35
Hemlocktanne, Kanadische 366
Hickory, Schuppenrinden- 19
Hirsche 37
Holunder, Schwarzer 16, 20, 316
Hylesinus oleiperda 36

I
Ilex 10, 14
Ilex aquifolium 10, 22, 177

J
Judasohr 319
Juglans regia 28, 43, 181

K
Käfer 34
Kastanie, Edel- 27, 121
Kastanie, Ess- 121
Kiefer 14, 18, 21, 31, 69
Kiefer, Haken- 38, 245
Kiefer, Moor- 245
Kiefer, Österreichische Schwarz- 237
Kiefer, Schwarz- 20, 23, 236
Kiefer, Wald- 239, 240
Kirsche, Amur- 273
Kirsche, Mahagoni- 273
Kirsche, Süß- 14, 269, 276, 280
Kirsche, Vogel- 269
Kleiber 39
Knorpelschichtpilz, Violetter 41
Kommaschildläuse 215
Kornelkirsche 134
Kreuzdorn, Echter 160
Küstenmammutbaum 326

L
Laburnum 14, 329
Laburnum alpinum 189
Laburnum anagyroides 186
Laburnum × watereri 189
Lärche 14, 21, 31
Lärche, Europäische 190
Lärche, Japanische 195
Larix 14, 21, 31
Larix decidua 190
Larix kaempferi 195
Laurus 10
Lebensbaum 14, 18, 19
Lebensbaum, Riesen- 38, 352
Lepidosaphes ulmi 215
Letharia vulpina 194
Linde 14, 18, 21, 24, 28
Linde, Holländische 358
Linde, Sommer- 16, 358, 361
Linde, Winter- 357, 362
Lindenwanze 360
Liquidambar orientalis 202
Liquidambar styraciflua 198
Liriodendron tulipifera 203
Lonicera 19
Lorbeer 10

M
Magnolia denudata 209
Magnolia liliiflora 209
Magnolia × soulangeana 208
Magnolie, Purpur- 209
Magnolie, Tulpen- 208
Magnolie, Yulan- 209
Malus 14
Malus domestica 17, 27, 30, 32, 211, 288, 339
Malus sylvestris 215
Mehlbeere, Gewöhnliche 14, 330, 339
Meisen 38
Mespilus germanica 216
Metasequoia glyptostroboides 38, 220, 344

Milben 34
Mispel, Echte 216
Mistel 10
Moose 40

N

Neonectria ditissima 29

O

Oxycarenus lavaterae 360

P

Palme, Raffia- 365
Pappel 14, 17, 18, 26, 31, 37
Pappel, Bastard-Schwarz- 41, 257
Pappel, Grau- 7, 24, 25, 256
Pappel, Karolina- 258
Pappel, Pyramiden- 262
Pappel, Schwarz- 258, 261
Pappel, Silber- 24, 26, 252, 259, 266
Pappel, Zitter- 24, 256, 259, 265
Parrotia persica 224
Pfaffenhütchen, Gewöhnliches 15
Pfirsich 277
Pflanzenläuse 34
Pflaume 17
Pflaume, Kultur- 274, 339
Philodromus margaritatus 34
Physcia adscendens 264
Picea 14, 18
Picea abies 27, 35, 41, 228
Picea omorika 233
Picoides tridactylus 38
Pilze 41
Pinus 14, 18, 21, 31
Pinus mugo ssp. *rotundata* 245
Pinus mugo ssp. *uncinata* 38, 245
Pinus nigra 20, 23, 236
Pinus nigra ssp. *nigra* 237
Pinus sylvestris 239, 240
Platane 18
Platane, Gewöhnliche 226, 246
Platane, Morgenländische 247
Platane, Nordamerikanische 247
Platanus 18
Platanus occidentalis 247
Platanus orientalis 247
Platanus × hispanica 226, 246
Polygraphus poligraphus 35
Populus 14, 17, 18, 26, 31, 37
Populus alba 24, 26, 252, 259, 266
Populus alba 'Pyramidalis' 253
Populus deltoides 258
Populus nigra 258, 261
Populus nigra 'Italica' 262
Populus tremula 24, 256, 259, 265
Populus × canadensis 41, 257
Populus × canescens 7, 24, 25, 256
Prunus 17
Prunus avium 14, 269, 276, 280
Prunus domestica 274, 339
Prunus maackii 273
Prunus padus 14, 278
Prunus persica 277
Prunus serotina 281
Prunus serrula 273
Pseudotsuga 14
Pseudotsuga menziesii 282
Pyrrhocoris apterus 359
Pyrus 14
Pyrus communis 27, 73, 219, 287, 339
Pyrus pyraster 290

Q

Quercus 14, 18, 25, 26, 31
Quercus petraea 11, 21, 25, 291, 339, 371
Quercus robur 21, 38, 262, 292, 295, 339, 371
Quercus rubra 299
Quercus suber 13, 23, 24
Quitte, Echte 145, 219

R

Raphia farinifera 365
Rehe 37
Rhamnus cathartica 160

Rhamnus frangula 156
Riesenmammutbaum 19, 38, 321
Rindenpilz, Weißer 41
Rindensprenger 42
Robinia 17, 21, 26, 31
Robinia pseudoacacia 303, 329
Robinie, Gewöhnliche 303, 329
Rosskastanie, Gewöhnliche 27, 89
Rotdorn, Echter 143
Rotzeder 356

S

Salix 21, 28, 31, 37
Salix alba 24, 28, 37, 307
Salix caprea 312
Sambucus nigra 16, 20, 316
Scheinakazie 17, 21, 26, 31, 303
Scheinzypresse, Hinoki- 133
Scheinzypresse, Lawsons 130
Schnecken 39
Schnurbaum, Japanischer 25, 327
Schwielenflechte, Helm- 264
Sciurus vulgaris 37
Sequoiadendron giganteum 19, 38, 321
Sequoia sempervirens 326
Sophora japonica 327
Sorbus aria 14, 330, 339
Sorbus aucuparia 28, 333, 339
Sorbus domestica 339
Sorbus torminalis 336
Spechte 39
Speierling 339
Spinnen 34
Stechpalme 10, 14
Stechpalme, Gewöhnliche 10, 22, 177
Steinbuche 152
Styphnolobium japonicum 25, 327, 329
Sumpfzypresse 19
Sumpfzypresse, Echte 38, 221, 343
Syringa vulgaris 23, 38, 340

T

Tanne 14
Tanne, Balsam- 368
Tanne, Weiß- 21, 27, 64
Tausendfüßer 34
Taxodium 19
Taxodium distichum 38, 221, 343
Taxus 14, 18, 26
Taxus baccata 348
Taxus brevifolia 351
Thuja 14, 18, 19
Thuja plicata 38, 352
Tilia 14, 18, 21, 24, 28
Tilia cordata 357, 362
Tilia platyphyllos 16, 358, 361
Tilia × europaea 358
Traubenkirsche, Gewöhnliche 14, 278
Traubenkirsche, Spätblühende 281
Trentepohlia 39
Tsuga canadensis 366
Tulpenbaum 203

U

Ulme 21, 25, 42
Ulme, Berg- 369
Ulme, Feld- 373, 374
Ulme, Flatter- 372
Ulmus 21, 25, 42
Ulmus glabra 369
Ulmus laevis 372
Ulmus minor 373, 374
Ulmus minor var. *suberosa* 375
Urweltmammutbaum 38, 220, 344

V

Viscum 10
Vitis 19
Vogelbeere 333
Vuilleminia 42

W
Waldrebe 19
Walnuss, Echte 28, 43, 181
Wanzen 34
Wassersackmoos, Breites 40
Weide 21, 28, 31, 37
Weide, Sal- 312
Weide, Silber- 24, 28, 37, 307
Weinrebe 19
Weißdorn 148, 219
Weißdorn, Eingriffeliger 142
Weißdorn, Zweigriffeliger 143
Wolfsflechte 194

X
Xanthoria parietina 264

Y
Yponomeuta evonymella 281

Z
Zeder, Atlas- 125
Ziege 37
Zitrusfrüchte 10
Zürgelbaum, Europäischer 155

Bildnachweis

Die Abkürzungen bedeuten: l = links, o = oben, ol = oben links, or = oben rechts, r = rechts, u = unten, ul = unten links, ur = unten rechts

Innenteil:
Margot Spohn: 130, 27u, 28u, 75l, 108, 109, 116u, 117, 123ur, 148r, 153u, 168r, 171u, 175ol, 177, 204o, 250ul, 266l, 292l, 322r, 341ol, 341or, 344o, 365ol
Martin Spohn: 37l
W. Roloff: 17 (koloriert von R. Spohn)
Roland Spohn: alle anderen Fotos und Illustrationen

Fotos S. 63:
Liquidambar styraciflua (links), *Pinus sylvestris* (mittig), *Liriodendron tulipifera* (rechts)

Umschlagfotos:
Margot Spohn: *Platanus × hispanica* (Rückseite oben)
Roland Spohn: *Quercus robur* (links), *Liriodendron tulipifera* (mittig), *Betula pendula* (rechts), *Gleditsia triacanthos* (Rückseite unten links), *Parrotia persica* (Rückseite unten rechts)

Margot Spohn hat Biologie in Tübingen studiert. Ihre Schwerpunkte waren Botanik und Pharmazeutische Biologie. Zusammen mit ihrem Mann hat sie bereits mehrere botanische Bestimmungsbücher sowie Naturführer veröffentlicht. Hauptberuflich arbeitet sie in der Zulassung komplementärmedizinischer Arzneimittel.

Dr. Roland Spohn studierte Biologie in Tübingen und promovierte mit einem Thema zur Schlafforschung. Seither arbeitet er als selbstständiger Biologe im Bereich Sachillustration und Naturfotografie und führt ein umfangreiches Fotoarchiv. Außerdem kombiniert er biologische Themen zu phantasievollen Gemälden und stellt diese regelmäßig aus. Zusammen mit seiner Frau leitet er auch Exkursionen und hält Vorträge.